Das Radium

Seine Darstellung und seine Eigenschafte

von

Jacques Danne

Verlag von Veit & Comp. in Leipzig

Das Radium

Seine Darstellung und seine Eigenschaften

von

Dr. **Jacques Danne**

Privatassistenten des Herrn Professor Pierre Curie

Mit einem Vorwort

von

Charles Lauth

Direktor der Hochschule für angewandte Physik und Chemie zu Paris

Mit zahlreichen Figuren

Autorisierte Ausgabe

Verlag von Veit & Comp. in Leipzig

1904

Druck von Metzger & Wittig in Leipzig.

Vorwort

Gelegentlich einer der Zusammenkünfte, zu welchen das „Génie Civil“ die Mitglieder seines Hauptredaktionsausschusses einladet, wobei die Teilnehmer die Aufmerksamkeit auf neue Errungenschaften ihres Gebietes lenken, habe ich auf die Entdeckungen des Herrn und der Frau Curie hingewiesen. Ich habe über die langwierigen Untersuchungen in den Laboratorien der Hochschule für angewandte Physik und Chemie zu Paris, deren Zeugen wir seit mehreren Jahren sind, und ihre Wichtigkeit nicht allein vom Standpunkt der Physik und Chemie aus, sondern auch vom Gesichtspunkt unserer philosophischen Auffassungen von der Natur des Stoffs und von der Energie berichtet.

Man ist mit dem Ersuchen an mich herangetreten, Herrn Curie oder einen seiner Mitarbeiter anzugehen, die Ergebnisse dieser Forschungen in einem Aufsatz zusammenzufassen. Da Herr Curie mit Laboratoriumsarbeiten überbürdet war, übertrug er Herrn Danne die Abfassung der Abhandlung, die er vor dem Druck durchgesehen hat.

Herr Danne, der bei Herrn Curie als Assistent tätig ist, ist einer unserer ausgezeichnetsten Schüler. Die Stelle, die er bekleidet, befähigt ihn, den Gegenstand mit größter Sachkenntnis zu behandeln, und die Genesis der Entdeckung des Herrn und der Frau Curie und die bis jetzt gewonnenen wissenschaftlichen Ergebnisse sowie die Folgerungen, die sich daran knüpfen lassen, darzustellen.

Die seit der Zuerkennung des Nobelpreises erfolgten Veröffentlichungen nötigten zu einer anderen Behandlung des Gegenstandes; beim Lesen dieser mehr oder weniger phantastischen Berichte ist es dem Publikum unmöglich, sich ein Bild von der Unmasse Arbeit, der Geduld, dem umfassenden Blick, welchen die Untersuchungen erfordert haben, zu machen. Zweifellos kannte die wissenschaftliche Welt die Wichtigkeit der Entdeckungen, die in dem Laboratorium der Rue Lhomond seit den letzten vier Jahren sich vollzogen, waren sie doch in gelehrten Vereinigungen wiederholt erörtert worden; allein die Bescheidenheit ihrer Urheber hatte das große französische Publikum in Unwissenheit darüber gelassen, und erst als es sah, welcher Auszeichnungen sie für würdig befunden wurden, erfaßte es die Größe des Werkes unserer Landsleute. Es ist allgemein bekannt, daß Herr und Frau Curie berufen waren, den Nobelpreis für Physik mit Herrn H. Becquerel zu teilen, und daß Herr Curie kurz vorher die goldene Davymedaille, die höchste Auszeichnung, über welche die Londoner Königliche Gesellschaft verfügt, erhalten hat. Auch die Pariser Akademie der Wissenschaften hatte bereits in den Jahren 1901 und 1902 ihr Interesse an den Curieschen Entdeckungen bekundet, indem sie dem Ehepaar die La Caze- und Debroussepreise zusprach. Es macht uns stolz, heute ihr Verdienst überall anerkannt zu sehen, und der Direktor der Hochschule schätzt sich glücklich, dazu haben beitragen zu können, die Forschungen, deren Entwickelung er verfolgen durfte, völlig ans Licht zu stellen.

DANNES Arbeit, die wir dem Publikum vorlegen, stellt den „gegenwärtigen Stand“ unserer Kenntnisse von den Eigenschaften der Radiumsalze dar; es sind darin nur die endgültig für die Wissenschaft gewonnenen Tatsachen niedergelegt.

Der Autor hat seine Abhandlung in mehrere Kapitel zerlegt. Zunächst geht er auf die Geschichte der Entdeckung ein, dann bespricht er die Art der Gewinnung und die Darstellung der Radiumsalze, wobei er sich auch mit bestimmten, bisher noch nicht veröffentlichten Einzelheiten beschäftigt; hierauf erörtert er ihre charakteristischen Eigenschaften, ihre Strahlung und die Effekte, die das Radium erzeugt, ihre so ungemein interessante physiologische Wirkung, die wiederum neue Gesichtspunkte von höchster Wichtigkeit für die Therapie absehen läßt. Endlich behandelt er die induzierte Radioaktivität und ihre Entstehung, und schließt mit der Prüfung der verschiedenen Hypothesen, die aufgestellt sind, um die beobachteten Phänomene, die im Widerspruch mit den allgemein geltenden Gesetzen der Physik und Chemie zu stehen scheinen, zu erklären. Alle diese Tatsachen beschäftigen, wie man weiß, im höchsten Grade die gesamte wissenschaftliche Welt.

Herr DANNE mußte bei bestimmten Teilen seiner Arbeit auf verschiedene Einzelheiten näher eingehen, deren Erörterung jedoch unerläßlich für das Verständnis von so schwer zu behandelnden Fragen ist. Diese klar vorgetragenen Einzelheiten ermöglichen es, besonders auch den Chemikern, die technischen Teile mit Genuß zu lesen.

Die auf die Eigenschaften und die Anwendung der Radiumsalze bezüglichen Teile sind von einem wahrhaft fesselnden Interesse und werden nicht verfehlen, auf alle Leser des kleinen Buches ihre Wirkung auszuüben.

Charles Lauth,

Direktor der Hochschule für angewandte Physik und Chemie der Stadt Paris.

Inhalt

Geschichtliches

Die Entdeckung der Erscheinungen der Radioaktivität ist eine Folge der seit der Entdeckung der Röntgenstrahlen unternommenen Untersuchungen über die photographischen Wirkungen der phosphoreszierenden und fluoreszierenden Substanzen. Die Kenntnis der Eigenschaften der Röntgenstrahlen hat in der Tat mehrere Gelehrte angeregt, zu erforschen, ob die Eigenschaft, sehr durchdringende Strahlen auszusenden, nicht etwa eng mit der Phosphoreszenz verknüpft wäre.

H. Becquerel hatte im Jahre 1896 beim Studium der durch die phosphoreszierenden Körper ausgesandten Strahlen beobachtet, daß u. a. die Uransalze die Quelle spezieller Strahlungen waren, die große Ähnlichkeit mit den Kathodenstrahlen und den Röntgenstrahlen aufweisen. Dieser, ihre Energie nicht, wenigstens nicht in sichtbarer Weise, aus vorausgegangener Absorption von Wärme-, Licht-, ultravioletten, Kathoden- oder Röntgenstrahlen schöpfenden Strahlenaussendung gegenüber befand man sich vor einer unbedingt neuen, von der Phosphoreszenz und Fluoreszenz sehr verschiedenen Erscheinung, da der Stoff bei diesen letzteren nur als Transformator von Strahlen mit kurzer Wellenlänge in Strahlen von größerer Wellenlänge dient.

Das metallische Uran und seine Verbindungen haben die Eigenschaft, solche Strahlen selbsttätig und fortgesetzt auszusenden.

Fig. 1. Herr Pierre und Frau Sklodowska Curie im Laboratorium.

Diese neuen Strahlen wirken auf gegen Licht geschützte photographische Platten ein und vermögen durch alle festen, flüssigen und gasförmigen Substanzen hindurchzudringen unter der Bedingung, daß deren Dicke genügend gering ist; beim Durchdringen machen sie die gasförmigen Substanzen zu schwachen Elektrizitätsleitern.

Im Jahre 1898 fanden Herr SCHMIDT und Frau CURIE, ein jeder für sich, daß das Thor ähnliche Eigenschaften besitzt. Frau CURIE benannte Substanzen, wie Uran und Thor, „radioaktive Substanzen" und „Becquerel-Strahlen" die von diesen selbsttätig ausgesandten Strahlen. Frau CURIE, die die BECQUERELschen Studien wieder aufgenommen hatte, bestätigte außerdem die einige Jahre früher von diesem Gelehrten aufgestellte Hypothese, daß die Radioaktivität der Uran- und Thorverbindungen als eine dem Atom anhaftende Eigenschaft sich darstelle. Die beobachteten Erscheinungen hängen tatsächlich nur von dem in der Verbindung enthaltenen Element Uran oder Thor ab.

Im Laufe ihrer Untersuchungen bemerkte Frau CURIE, daß gewisse natürliche Verbindungen eine von den vorhergehenden Ergebnissen ganz verschiedene Aktivität aufwiesen. So zeigte sich die Pechblende (Uranoxyderz) viermal aktiver als das metallische Uran. Der Chalkolit (kristallisiertes Kupfer- und Uranphosphat) war zweimal aktiver als das Uran.

Nach den oben gemachten Ausführungen, wonach der Radioaktivität der Charakter der Atomeigenschaft beigemessen wird, hätte sich jedoch keine der Substanzen aktiver als das Uran zeigen dürfen. Anderseits besaß ein künstlich nach DEBRAYS Verfahren mittels reiner Produkte gewonnener Chalkolit nur eine gewöhnliche, zweieinhalbmal schwächere Aktivität als das metallische Uran.

Der in diesen Mineralien zur Wirkung gebrachte Aktivitätsüberschuß konnte also lediglich auf die Gegenwart einer kleinen Menge stark radioaktiven, vom Uran, Thor und den bislang bekannten einfachen Körpern verschiedenen

Stoffes zurückgeführt werden. Man vermochte das Problem zu lösen, indem man auf nassem Wege die Analyse der Pechblende ausführte und die Radioaktivität aller gewonnenen Produkte maß. Im Jahre 1900 endlich entdeckten Herr und Frau CURIE nach langer, mühsamer und kostspieliger Arbeit zwei neue, millionmal aktivere Elemente als das Uran: das Polonium, einen dem Wismut verwandten Körper, und das Radium, einen dem Baryum verwandten Körper. Später hat DEBIERNE das Actinium abgeschieden, eine neue, zur Gruppe der seltenen Erden gehörige radioaktive Substanz.

Das Radium ist ein neues Element. Es wurde als reines Salz gewonnen und hat das Studium der Radioaktivität mächtig angeregt und vorwärts gebracht.

Die Entdeckung des Poloniums und des Radiums und die über diese Substanzen angestellten zahlreichen Untersuchungen sind von Herrn und Frau CURIE in dem Laboratorium der Hochschule für angewandte Physik und Chemie der Stadt Paris, dank der wohlwollenden Gastfreundschaft des Herrn SCHÜTZENBERGER, des verstorbenen Leiters dieser Lehranstalt, und des Herrn LAUTH, des hervorragenden gegenwärtigen Leiters, gemacht worden.

Erster Abschnitt.

Messung der Strahlungsintensität der radioaktiven Substanzen.

Bei dem Studium der Radioaktivität der verschiedenen radioaktiven Substanzen kommt entweder die photographische oder die elektrische Methode in Anwendung.

1. Die photographische Methode.

Die photographische Methode, die den großen Vorzug hat, keinerlei besonderes Material zu erfordern, bildet keine eigentliche Messungsmethode. Die mit ihr gewonnenen Ergebnisse sind unter sich nicht vergleichbar. Wohl aber kann sie in gewissen Fällen ein wertvolles Entdeckungshilfsmittel abgeben und beispielsweise beim Aufsuchen der radioaktiven Mineralien vorteilhaft angewandt werden.

Die von Sir W. Crookes angegebene Methode gestattet die Anwesenheit radioaktiver Mineralien festzustellen und in ihnen die aktiven von den inaktiven Teilen zu unterscheiden.

Zu diesem Behufe schleift man die Oberfläche des Versuchserzes so, daß eine glatte Fläche entsteht, welche man auf eine photographische Platte legt, indem man ein dünnes schwarzes Papierblättchen dazwischenschiebt. Nach einem mehrstündigen Belassen in der Dunkelheit ist die Platte entwickelt (s. Figg. 2 bis 6).

Überall, wo radioaktive Substanzen vorhanden sind, ist eine Einwirkung auf die Platte wahrnehmbar. Die Gegenwart des radioaktiven Stoffes wird auf der Platte durch ein schwarzes Fleckchen angezeigt; dieser Fleck ist um so

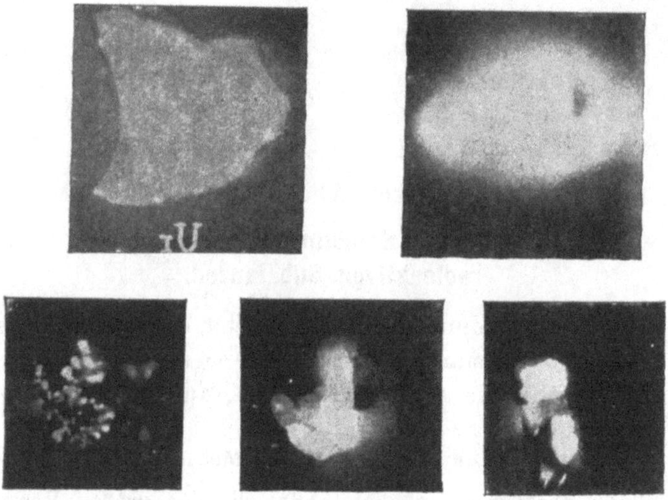

Figg. 2 bis 6.
Mittels radioaktiver Mineralien hergestellte Photographien.

schwärzer je aktiver der Stoff ist. Es ist alsdann nicht schwer, die verschiedenen Teile desselben Erzes unter dem Gesichtspunkt ihrer Aktivität miteinander zu vergleichen.

Dieses sehr leicht anwendbare Verfahren empfiehlt sich namentlich für die Untersuchung radioaktiver Mineralien; es gestattet, eine sehr große Anzahl von Proben schnell und ohne erhebliche Kosten zu untersuchen.

Ein vom Licht vollständig abgeschlossener Kasten, einige photographische Platten und das photographische Material zur Entwicklung bilden den für diese Art des Sichtbarmachens notwendigen Apparat. Mit einer photographischen Platte 9×12 kann man etwa 20 Mineralien prüfen; Proben von 1 qcm Oberfläche genügen, um die Gegenwart etwa darin vorhandener Radioaktivität festzustellen. Die mittels Hammer grob zerschlagenen Mineralien werden nach dem Dazwischenschieben eines dünnen schwarzen Papierblättchens auf die empfindliche Platte gebracht. Das Papierblättchen ist erforderlich, damit jedwede unmittelbare chemische Reaktion zwischen der Platte und dem Versuchserz vermieden wird. Die Expositionsdauer beträgt ungefähr 8 bis 10 Stunden.

Falls die Versuchssubstanz nicht homogen ist, prüft man jeden Teil einzeln. Mitunter ist es vorteilhaft, die mittlere Aktivität der Probe zu kennen; zu diesem Zwecke zerreibt man die Substanz und untersucht das Pulver wie vorher beschrieben.

2. Elektrische Methode.

a) Mittels Elektroskops.

Die elektrische Methode bildet ein wirkliches Messungsverfahren. Sie besteht in der Bestimmung der durch die

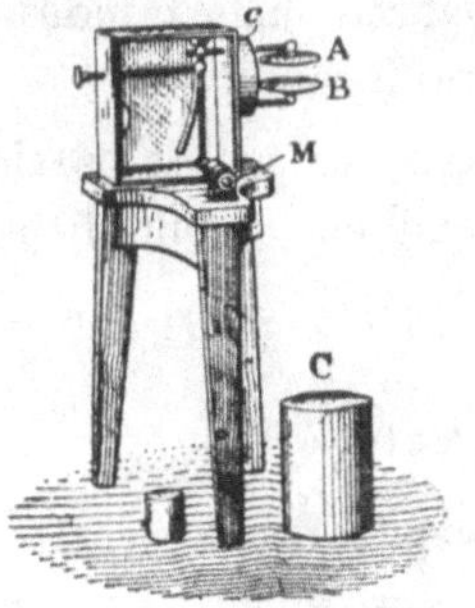

Figg. 7 und 8. Messung der Aktivität der radioaktiven Substanzen durch das Elektroskop.

Luft unter Einwirkung der radioaktiven Substanzen erworbenen Leitfähigkeit. Die Bestimmung kann insofern sehr einfach ausgeführt werden, als man nur die Entladungsgechwindigkeit eines geladenen Elektroskops zu beobachten hat. Hierzu bedient man sich der durch Figg. 7 u. 8 dargestellten Vorrichtung.

Die beiden Platten A und B eines Kondensators sind

verbunden, die eine mit der Erde, die andere mit einem mit Elektrizität geladenen Goldblatt-Elektroskop.

Unter gewöhnlichen Umständen ist die zwischen den Platten enthaltene Luft nicht leitend und das Elektroskop bleibt geladen; bringt man jedoch auf die Platte B die fein pulverisierte aktive Substanz, so strömt die Ladung des Elektroskops an der Erde aus und zwar um so schneller je aktiver die Substanz ist. Es genügt, die Fallgeschwindigkeit der Goldblättchen zu messen, um einen Wert der Aktivität der Substanz zu erhalten: je größer die Fallgeschwindigkeit, desto aktiver ist die Substanz. Die Bestimmung der Fallgeschwindigkeit der Goldblättchen geschieht in höchst einfacher Weise dadurch, daß man während der Fallzeit die Lageveränderung eines der Goldblättchen mittels eines Mikroskopes M beobachtet. Während des Experiments bedeckt man die Platten A und B mit der Hülle C, die an der Scheibe c (Fig. 7) befestigt wird.

Dieses bequem anwendbare Verfahren liefert indessen nur wenig befriedigende und unsichere Resultate.

Um feinere Messungen auszuführen, empfiehlt es sich, es durch eine elektrometrische, unendlich empfindlichere Methode zu ersetzen.

b) Mittels des Elektrometers.

Die zu diesem Zweck zu verwendende Vorrichtung besteht, wie beim vorigen Apparat, aus einem aus zwei Platten A und B hergestellten Kondensator (Fig. 9). Die eine der Platten B wird auf ein hohes Potential gebracht, indem man sie mit dem einen Pole einer Akkumulatorenbatterie P mit einer großen Anzahl Elemente verbindet, deren andrer Pol zur Erde abgeleitet ist. Die zweite Platte A wird auf dem Potential der Erde durch den Draht CD gehalten. Wenn man nun auf die Platte B eine radioaktive Substanz bringt, so wird ein elektrischer Strom zwischen den beiden Platten hergestellt.

Das Potential der Platte *A* wird durch ein Elektrometer *E* angezeigt. Unterbricht man bei *C* die Verbindung mit der Erde, so ladet sich die Platte *A* und die Ladung bewirkt eine Ablenkung des Elektrometers. Die Geschwindigkeit der Ablenkung ist proportional der Intensität des Stromes und kann zu deren Messung dienen. Es empfiehlt sich jedoch, die Messung derart auszuführen, daß man die Ladung der Platte *A* kompensiert, so daß das Elektrometer auf Null erhalten wird. Die in Frage kommenden

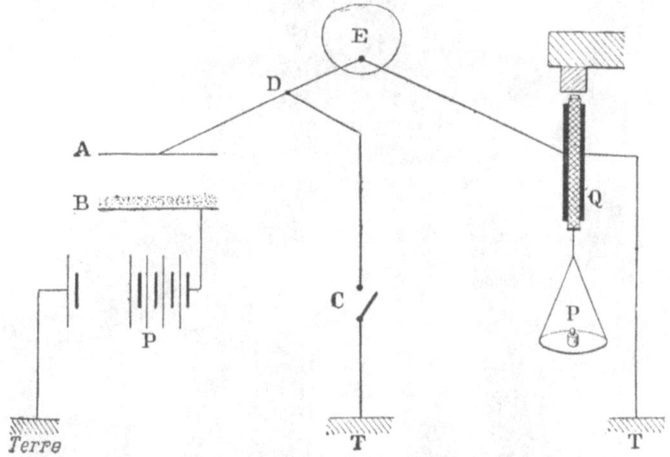

Fig. 9. Das elektrometrische Verfahren.

Ladungen sind ungemein schwach; sie können mit Hilfe eines piezo-elektrischen Quarzes *Q* kompensiert werden.

Der von J. und P. Curie dargestellte piezo-elektrische Quarz bildet einen vollkommen konstanten Maßstab für die Elektrizitätsmenge. Der Apparat basiert auf folgendem Prinzip: Wenn man auf einen Quarzkristall senkrecht zur Richtung der binären optischen Achse eine Zugkraft von bekannter Größe ausübt, so wird der Kristall in der Richtung der binäroptischen Achse elektrisch polarisiert, und die beiden Endflächen erscheinen entgegengesetzt elektrisch geladen. Umkleidet man die beiden Flächen mit Zinnblättchen, so stellt man einen Kondensator her, der mit Elektrizität geladen wird, sobald man die Zug-

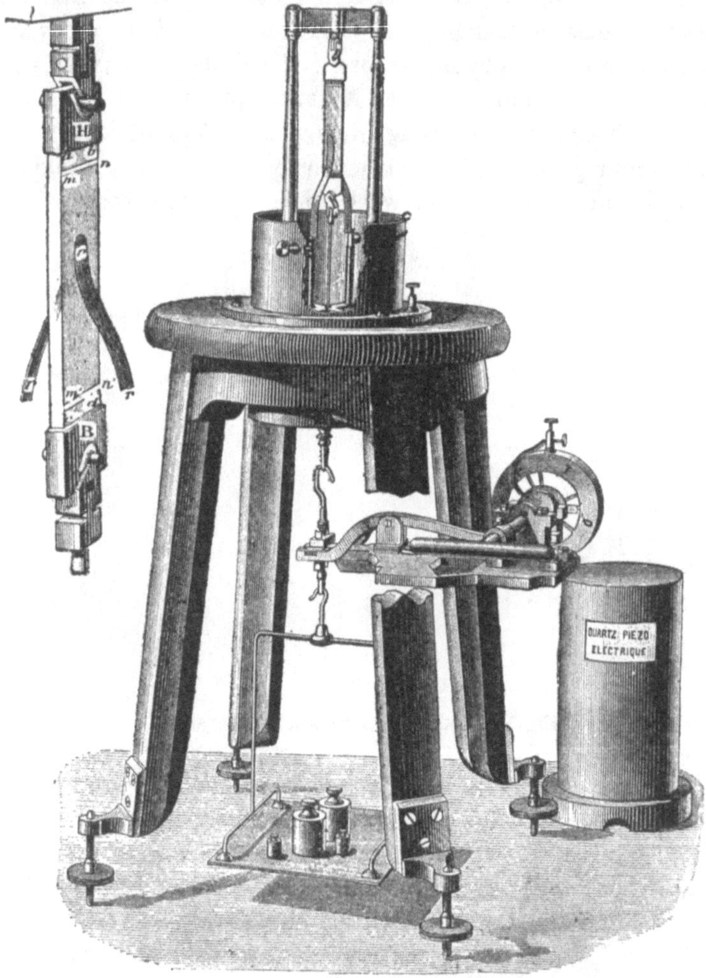

Figg. 10 und 11. Piezo-elektrischer Quarz.

kraft ausübt; wenn man, nachdem die Zinnblättchen entladen wurden, alsdann die Zugkraft aufhebt, so wird der Kondensator abermals geladen; allein die Ladungen sind diesmal auf jeder Fläche zwar gleich den im ersten Versuch erhaltenen, jedoch von entgegengesetztem Vorzeichen.

Der Apparat besteht aus einem langen dünnen, passend geschnittenen Quarzplättchen, das mit seinen beiden Enden bei *H* und *B* (Figg. 10 und 11) in Metallschuhe eingekittet ist. Diese dienen zur Übertragung einer mit Hilfe von den auf einer Platte befindlichen Gewichten ausgeübten Zugkraft. Das Ende *H* ist an einem festen Haken frei aufgehängt. An das untere Ende *B* schließt sich zur Übertragung der Zugwirkung unmittelbar ein Stiel an. Die beiden einander gegenüberliegenden Flächen der Quarzplatte sind mit isolierten Zinnblättchen bedeckt — also *mn*, *m'n'*, auf denen sich die Elektrizität entwickelt. Zwei kleine schwache Federn *r* und *r'* setzen diese Zinnblättchen mit den elektrischen Apparaten in Verbindung.

Die durch die Quarzplatte entwickelte Elektrizitätsmenge ist proportional dem Spannungsgewicht.

Um den im Kondensator erzeugten Strom zu kompensieren, unterwirft man die Quarzplatte durch ein auf Platte *P* (Fig. 9) aufgesetztes Gewicht einer Zugkraft von bekannter Größe. Man unterbricht bei *C* die Verbindung der Platte *A* mit der Erde und hebt mit der Hand allmählich das Gewicht von der Platte *P*. Durch diese Vornahme wird eine allmähliche Entwicklung einer bekannten Elektrizitätsmenge während einer zu messenden Zeit bewirkt.

Der Vorgang kann so geregelt werden, daß in jedem Augenblick eine Kompensation zwischen der den Kondensator durchfließenden Elektrizitätsmenge und der mit dieser nicht gleichnamigen, welche vom Quarz herrührt, stattfindet. Auf diese Weise läßt sich die während einer gegebenen Zeit den Kondensator durchfließende Elektrizitätsmenge, d. h. die Stromintensität, ihrem absoluten Betrage nach messen. Die unter solchen Umständen ausgeführte Messung ist unabhängig von der Empfindlichkeit des Elektrometers. Dieses Verfahren ist äußerst empfindlich; man kann beispielsweise die Radioaktivität eines Produktes unterscheiden, wenn sie auch nur $^1/_{100}$ von der des metallischen Urans beträgt.

Gleichwohl aber ist die durch dieses Verfahren meßbare Aktivität ziemlich beschränkt; es kann nämlich geschehen, daß das Quarz in einer angemessenen Zeit eine genügende Elektrizitätsmenge nicht mehr liefern kann. Man wendet diese Schwierigkeit ab, indem man die Oberfläche der aktiven im Kondensator befindlichen Substanz verändert. Je größer die Oberfläche, desto stärker ist der den Kondensator durchfließende Strom. Für jede der benutzten Oberflächen bestimmt man ein für allemal den relativen Wert der gemessenen Ströme, indem man alle auf eine gleiche Oberfläche zurückführt. Dies Verfahren geschieht sehr einfach durch Messung der mit einem und demselben Produkt für verschiedene Oberflächen gewonnenen Ströme.

Bei sehr aktiven Produkten muß man sehr kleine Oberflächen verwenden; es resultiert daraus ein bemerkenswerter Irrtum bei der Messung, denn es ist schwierig, eine gut abgegrenzte Oberfläche zu erlangen. In diesem Falle zieht man es vor, eine etwas veränderte Vorrichtung anzuwenden, die darin besteht, das Produkt unterhalb des Kondensators in eine größere oder kleinere Entfernung von demselben zu bringen, je nach der Aktivität der zu messenden Substanz. Die Strahlung, die die Platten des Kondensators durchläuft, kann auf diese Weise erheblich herabgesetzt werden.

Man könnte den Strom allerdings auch mit Hilfe eines empfindlichen Galvanometers messen; allein diese Methode ist ziemlich langwierig und schwer anzuwenden, weil man nach jeder Messung die Empfindlichkeit des Galvanometers feststellen muß.

Wenn man bei einem gleichen Kondensator und einer gleichen zwischen die beiden Platten gebrachten radioaktiven Substanz den Potentialunterschied verändert, so stellt man fest, daß der gemessene Strom mit dem Potentialunterschiede zunimmt. Gleichwohl strebt der Strom für hohe Potentialdifferenz einem Grenzwert zu, der ziemlich konstant ist. Dies ist der Grenzstrom, den man als Maß der Radioaktivität nimmt. Die Größenordnung der Grenzströme, die man mit den Uranverbindungen erhält, ist 10^{-11} Ampère für einen Kondensator, dessen Platten 8 cm Durchmesser halten und die 3 cm Abstand haben. Das ist die Intensität, die als Einheit im Diagramm Fig. 12 dargestellt ist.

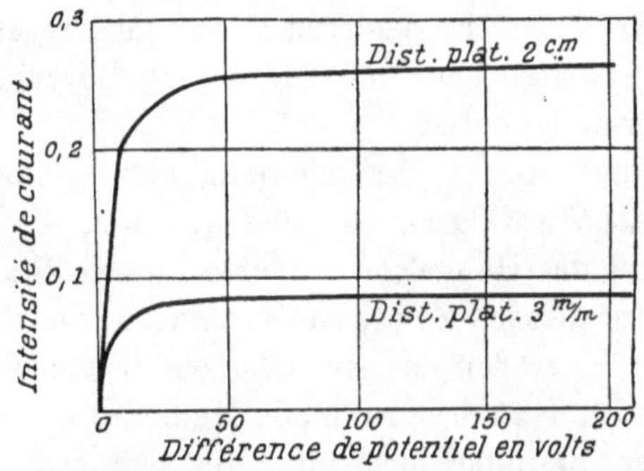

Fig. 12. Die Stromintensitäten und die Potentialdifferenzen zwischen den Kondensatorplatten.

Wenn man als Aktivitätseinheit den mit dem metallischen Uran gewonnenen Strom nimmt, so wird die Aktivität der anderen Substanzen als Funktion der Aktivität des Urans ausgedrückt werden.

Diese Methode ist's gerade, welche Herr und Frau Curie schon von Anfang ihrer Forschungen an bei den Konzentrationsversuchen der aktiven Produkte angewendet haben. Sie maßen die Radioaktivität eines Produkts und unterwarfen dieses einer chemischen Trennungsoperation. Alsdann maßen sie die Radioaktivität aller gewonnenen Produkte und stellten auf diese Weise fest, wie und in welchen Verhältnissen die radioaktive Substanz unter den verschiedenen getrennten Teilen verteilt war. Herr und Frau Curie erzielten auf diese Weise Indikationen, die teilweise den durch die Spektralanalyse gelieferten vergleichbar sind.

Diese Untersuchungsmethode hatte, im Falle der Radioaktivität, den großen Vorzug, erheblich empfindlicher zu sein, als die Spektralmethode.

Zweiter Abschnitt.

Extraktion der Radiumsalze.

Erze.

Das Radium findet sich in der Form von Spuren in einer gewissen Anzahl von Mineralien, in der Pechblende und dem Karnotit. Es begleitet Uran und Baryum in diesen Mineralien, niemals aber findet man es in Baryummineralien, die kein Uran enthalten.

Herr und Frau Curie glaubten, diese letztere Experimentaltatsache aufklären zu müssen, indem sie sich überzeugten, daß das Handelsbaryumchlorid kein Radiumchlorid enthält. Zu diesem Zweck unternahmen sie die Fraktionierung einer großen Menge Handelsbaryumchlorid durch eine weiter unten zu besprechende Methode, in der Meinung, dadurch die Radiumchloridspur, die sich etwa darin vorfinden mochte, zu konzentrieren. Das so gewonnene Produkt zeigte jedoch keinerlei Radioaktivität, enthielt also auch kein Radium. Infolgedessen ist dieser Körper in Erzen, die das Handelsbaryum liefern, nicht vorhanden.

In Europa ist es die Joachimtsthaler und neuerdings zumeist die bei Freiberg i. S. gefundene Pechblende, aus welcher man gegenwärtig das Radium gewinnt. Die Pechblende ist ungefähr zwei- bis dreimal aktiver als das metallische Uran und ergibt 1 bis 2 Dezigr. Radiumbromid für die Tonne verarbeitetes Erz.

Die Komplexität des Urstoffes in Verbindung mit dem sehr geringfügigen Gehalt an Radium hat äußerst mühsame Untersuchungen notwendig gemacht.

Die Pechblende ist ein von vielen anderen Metallen, wie Eisen, Aluminium, Calcium, Blei, Wismut, Kupfer, Arsenik, Antimon und den neuen radioaktiven Stoffen, Polonium, Radium und Actinium, begleitetes Uranoxyd.

Nach den neuesten Experimenten Elsters und Geitels darf angenommen werden, daß die radioaktiven Substanzen sich in fast gleichförmiger Weise über die Erdoberfläche verbreitet finden. Eine sehr große Anzahl von Körpern dürften sie enthalten, doch nur in sehr geringer Menge.

Elster und Geitel ist es gelungen, sehr wenig aktive lehmige Stoffe aus Produkten zu ziehen, deren Aktivität der des Urans vergleichbar war.

Verarbeitung der Pechblende.

Die Verarbeitung der Pechblende geht in drei voneinander ganz verschiedenen Phasen vor sich.

In der ersten Phase wird die Pechblende zunächst von allem darin enthaltenen Uran befreit. Seither geschah dies an Ort und Stelle der Förderung des Erzes.

Die Rückstände dieser Behandlung enthalten stark radioaktive Substanzen. Eine neue in der Fabrik vorgenommene Behandlung bezweckt die Trennung und Reinigung der Teile mit reichem Gehalt an Radium, Polonium und Actinium. Diese neue Vornahme bildet die zweite Phase der Verarbeitung. Ein jeder Teil wird hierauf für sich behandelt, um die darin enthaltene radioaktive Substanz darzustellen.

Der das Radium einschließende Teil ist ungefähr 60 mal aktiver als das Uran; man entzieht ihm das Radium durch eine Reihe am radiumhaltigen Baryumbromid ausgeführter Fraktionierungen. Diese im Laboratorium vorgenommenen Fraktionierungen bilden die dritte und letzte Phase der Verarbeitung.

Wir werden nunmehr die verschiedenen Phasen der Verarbeitung etwas eingehender prüfen.

1. Abscheidung des in der Pechblende enthaltenen Urans.

Das zerkleinerte und zerriebene Erz wird mit Soda geröstet. Das Produkt dieser Behandlung wird zunächst mit warmem Wasser, um die löslichen Salze zu entfernen, hierauf mit verdünnter Schwefelsäure ausgelaugt. Die Lösung enthält ausschließlich Uran. Der unlösliche, früher als wertlos angesehene Rückstand wird sorgfältig gesammelt; er enthält die ungemein stark radioaktiven Substanzen. Seine Aktivität ist vier- bis fünfmal größer als die des Urans.

2. Behandlung des Rückstandes.

Der Rückstand enthält hauptsächlich Blei- und Calciumsulfate, Silicium, Aluminium und Eisenoxyd. Außerdem findet man darin in größerer oder kleinerer Menge fast alle Metalle (Kupfer, Wismut, Zink, Kobalt, Mangan, Nickel, Vanadium, Antimon, Thallium, die seltenen Erden, Niobium, Tantal, Arsenik, Baryum usw.). Das Radium findet sich verstreut als Sulfat in diesem Gemenge und ist das wenigst lösliche der Sulfate.

Die erste mit diesem Rückstand ausgeführte Operation besteht darin, ihn mit konzentrierter Salzsäure zu behandeln. Die Substanz wird stark zersetzt und geht teilweise in Lösung. Aus dieser Lösung kann man das Polonium und Actinium ausscheiden; das erstere wird durch Schwefelwasserstoff niedergeschlagen; das andere findet sich in den durch Ammoniak aus der von den Sulfaten getrennten und oxydierten Lösung niedergeschlagenen Hydraten. Das Radium bleibt in dem zunächst mit Wasser gewaschenen, hierauf mit einer konzentrierten kochenden Sodalösung behandelten unlöslichen Teile, eine Maßnahme, mit welcher die Verwandlung der in der vorigen Reaktion nicht angegriffenen Sulfate bewirkt wird. Hierauf wäscht man die Substanz gründlich mit Wasser und unterwirft sie der Einwirkung von Salzsäure, die frei von Schwefelsäure sein muß. Auf diese Weise erhält man rohe Sulfate von radiumhaltigem Baryum, die zugleich Kalk, Blei, Eisen enthalten und auch etwas Actinium mit sich führen.

Eine Tonne Rückstand liefert etwa 10 bis 20 kg Rohsulfate, deren Aktivität 30 bis 60 mal größer als die des metallischen Urans ist.

Alsdann nimmt man die Reinigung der Sulfate vor. Man läßt sie zu diesem Zweck mit einer konzentrierten Lösung

Natriumkarbonat kochen und wandelt die gewonnenen Karbonate in Chloride um. Die mit Schwefelwasserstoff behandelte Lösung liefert einen leichten Niederschlag von aktiven Sulfiden, der Polonium enthält. Man filtriert sie, oxydiert sie mit Kaliumchlorat und schlägt sie mit reinem Ammoniak nieder.

Die Oxyde und niedergeschlagenen Hydrate sind sehr aktiv; sie enthalten immer noch ein wenig Actinium. Die filtrierte Lösung wird mit Soda niedergeschlagen. Die niedergeschlagenen Karbonate der Erdalkalien werden gewaschen und in Chloride verwandelt. Diese Chloride werden zur Trockenheit eingedampft und mit konzentrierter reiner Salzsäure gewaschen. Das Chlorcalcium wird fast vollständig gelöst, während das radiumhaltige Chlorbaryum unlöslich bleibt. Die obenstehende Lösung enthält infolgedessen den Kalk und kann etwas Radium mit sich führen. Man schlägt sie mit Schwefelsäure nieder. Nach und nach setzt sich ein sehr aktives Sulfat ab, das man einer neuen Behandlung unterwirft. Das in konzentrierter Salzsäure unlösliche radiumhaltige Chlorbaryum wird durch Wasser wieder aufgenommen. Die Lösung wird abermals durch Natriumkarbonat niedergeschlagen. Die gewaschenen Karbonate der Erdalkalien werden diesmal mit Bromwasserstoffsäure behandelt, um sie in Bromide zu verwandeln.

Nach dieser langen Reihe von Vornahmen gewinnt man pro Tonne verarbeiteten Urstoffes 8 bis 10 kg radiumhaltiges Baryumchlorid, dessen Aktivität ungefähr 60 mal größer als die des metallischen Urans ist. Dieses Chlorid ist reif zur Fraktionierung.

3. Fraktionierung der radiumhaltigen Baryumsalze.

Durch die Fraktionierung sollen an Radium mehr oder minder reiche radiumhaltige Baryumchloride gewonnen werden. Das angewendete Verfahren besteht darin, das Bromidgemisch einer Reihe von Kristallisationen zunächst in reinem, dann in einem mit Bromwasserstoff vermischten

Wasser zu unterwerfen. Man benutzt die Differenz der Löslichkeiten der beiden Bromide, da das Bromid des Radiums weniger löslich ist als das des Baryums.

Bei Beginn ihrer Untersuchungen über die Trennung des Radiums führten Herr und Frau Curie die Fraktionierungen an den Chloriden aus. Giesel hat indessen erkannt, daß die Trennung des Baryums und Radiums durch fraktionierte Bromidkristallisationen viel vorteilhafter wäre, namentlich zu Anfang der Fraktionierung.

Die Bromide werden in destilliertem Wasser aufgelöst und die Lösung bei Siedehitze zur Sättigung gebracht. Hierauf läßt man sie unter Abkühlung in einem bedeckten Gefäß kristallisieren. Auf diese Weise erhält man auf dem Boden schöne Kristalle, die man durch Abgießung von der obenauf schwimmenden Flüssigkeit abscheidet. Diese Kristalle sind ungefähr fünfmal aktiver als Chloridlösung.

So hat man denn das Salz in zwei Teile zerlegt, an welchen man dieselbe Operation genau wiederholt. Die Lösung der Bromide wird verdampft und heiß zur Sättigung gebracht; die Salze werden abermals gelöst und dann wiederum zur Kristallisation gebracht.

Sind die Kristallisationen beendigt, so hat man vier neue Teile vor sich. Die obenauf schwimmende Lösung des aktivsten Teiles (Kristalle) wird mit den Kristallen des am wenigst aktiven Teiles (Lösung) vereinigt; diese beiden Substanzen haben sichtlich die gleiche Aktivität. So hat man nun drei Teile, die einer gleichen Behandlung unterzogen werden. Die Fraktionierung wird stets nach derselben Methode fortgesetzt. Nach jeder Operationsreihe wird die aus einem Teile herrührende gesättigte Lösung auf die von dem folgenden Teile herrührenden Kristalle geschüttet. Daraus folgt, daß die mehr und mehr aktiven Produkte und die weniger und weniger aktiven Produkte einen Verlauf im umgekehrten Sinne nehmen.

Nun läßt man aber nicht etwa die Zahl der Aufteilungen ins Unendliche wachsen. Wenn die verarmten

Produkte (Schluß der Fraktionierung) nur noch eine unbedeutende Aktivität besitzen, läßt man sie weg. Ebenso ist es mit den angereicherten Teilen (Kopf der Fraktionierung), wenn die gewünschte Anzahl der Teile erzielt worden ist. Man arbeitet dann mit einer ständigen Anzahl von Teilen. Man scheidet fortwährend und zwar nach Maßgabe der Zahl der Fraktionierungen einerseits sehr wenig aktive, anderseits sehr radiumreiche Produkte aus.

Die geringe Stoffmenge, über welche man heutzutage verfügt, hat nicht erlaubt, die chemischen Eigenschaften der Radiumsalze vollkommen zu prüfen. Das Studium dürfte zweifellos zu einigen interessanten Modifikationen hinsichtlich der Geschwindigkeit der Darstellung dieser Körper führen.

Man hat eine gewisse Anzahl Salze, Bromid, Chlorid, Nitrat, gewonnen, allein man hat noch kein Radium in metallischem Zustande präpariert. Und doch würde es leicht sein, diese wenig Interesse bietende Darstellung nach der von Bunsen für Baryum angewendeten Methode auszuführen.

Dritter Abschnitt.

Eigenschaften der Radiumsalze.

Chemische Eigenschaften.

Das so gewonnene Radiumchlorid hat eine ungefähr millionmal größere Aktivität als das metallische Uran. Alle Radiumsalze wie Chlorid, Nitrat, Karbonat, Sulfat haben das gleiche Aussehen wie Baryumsalze, wenn sie in festem Zustande dargestellt sind; sie erscheinen weiß. Jedoch färben sie sich mit der Zeit gelb und sogar violett.

Vom chemischen Gesichtspunkte aus haben alle Radiumsalze durchaus den entsprechenden Baryumsalzen vergleichbare Eigenschaften, jedoch sind Radiumchlorid und -bromid weniger löslich als Baryumchlorid und -bromid. Das ist die Haupteigenschaft, die bei der Trennung des Radiums und des Baryums verwandt wird.

Giesel hat festgestellt, daß das Radiumchlorid im flüssigen oder festen Aggregatzustande fortgesetzt Wasserstoff erzeugt. Ein einige Zeit in einem Gefäß eingeschlossen gewesenes Radiumchlorid gibt starken Chlorgeruch ab, wenn man das Gefäß zerbricht.

Färbung der Flamme und Spektrum.

Die Radiumsalze geben der Flamme einen ausgeprägten Karminglanz.

Bald nach Beginn der Untersuchungen des Herrn und der Frau Curie über die radioaktiven Substanzen hat der verstorbene Demarçay sich mit der spektroskopischen Prüfung dieser Substanzen befaßt. Die Unterstützung eines so hervorragenden Spektroskopikers hat die Hypothese von dem Vorhandensein neuer radioaktiver Elemente einer wichtigen Nachprüfung unterstellt. Die Spektralanalyse hat bezüglich des Radiums diese Hypothese vollkommen bestätigt.

Das Studium des Spektrums ist seitdem von Runge und Precht, sowie von Crookes wieder aufgenommen worden.

Das Spektrum des Radiums ist sehr charakteristisch; sein Gesamtanblick entspricht dem der Erdalkali-Metalle, d. h. man findet bei ihm starke Linien mit etlichen nebligen Banden.

Mit dem Funken und einer reinen Radiumchloridlösung erzielte Demarçay ein Spektrum, dessen Linien alle eng abgegrenzt und scharf sind. Die drei Hauptlinien sind: die erste im Blau ($\lambda = 468{,}30$), die beiden letzteren im Violett ($\lambda = 434{,}06$) und im Ultraviolett ($\lambda = 381{,}47$). Diese drei Linien sind stark und erreichen die Gleichheit mit den stärksten gegenwärtig bekannten Linien. Man bemerkt gleichzeitig im Spektrum zwei starke neblige, verschwommene Banden; die erste im Blau, die andere beginnt im Indigoblau und nimmt gegen das Ultraviolett zu ab.

Nach Demarçay soll das Radium unter den Körpern figurieren, die die feinste Spektralreaktion besitzen. Man erblickt zuerst die Hauptlinie des Radiums ($\lambda = 381{,}47$) mit 50 mal aktiveren Stoffen als Uran. Die Feinheit bezw. Empfindlichkeit der spektroskopischen Methode ist jedoch in nichts vergleichbar mit der Empfindlichkeit der vorher beschriebenen elektrischen Methode; dieselbe läßt tatsächlich die Gegenwart einer radioaktiven Substanz auch dann noch erkennen, wenn ihre Aktivität nur $^1/_{100}$ von der des Urans beträgt.

Das Flammenspektrum der Radiumsalze enthält nach den Untersuchungen Giesels zwei schön rote Banden, eine Linie im Blau und zwei schwache Linien im Violett. Das Spektrum ist sehr strahlend.

Atomgewicht.

Das Atomgewicht des Radiums ist von Frau Curie bestimmt worden; es ist gleich 225.

Zu seiner Bestimmung wendete Frau Curie die klassische Methode an, die darin besteht, das in einem bekannten Gewicht wasserfreien Chlorids enthaltene Chlor als Chlorsilber zu bestimmen. Das für die letzteren Messungen verwendete Chlorid wurde sorgfältig gereinigt und vollkommen von dem es begleitenden Baryum befreit, indem die Fraktionierungen recht häufig wiederholt werden. Von Demarçay im Spektroskop geprüft, enthält es seines Erachtens nur unendlich schwache Spuren von Baryum, die nicht geeignet sind, das Atomgewicht in merklicher Weise zu beeinflussen.

Das Radium bildet ein neues Element in der Gruppe der Erdalkali-Metalle. In dieser Reihe stellt es das höhere Homologe des Baryums dar.

Nach seinem Atomgewicht steht das Radium, in der Tabelle von Mendelejeff[1] auf Baryum folgend, in der

[1] natürlich auch in L. Meyers Tabelle.

senkrechten Reihe der Erdalkali-Metalle und auf der Querreihe, die bereits das Uran und das Thor enthält.

Leuchtfähigkeit der Radiumsalze.

Alle Radiumsalze sind in der Dunkelheit leuchtend. Diese Leuchtfähigkeit tritt besonders stark hervor bei Radiumchlorid und -bromid, sobald das Produkt erwärmt worden ist; sie nimmt ab, sobald das Salz Feuchtigkeit anzieht. Die Radiumchloride und -bromide, die sehr hygrometrisch sind, müssen in verschlossene Röhren gebracht werden, um den nach der Erwärmung angenommenen Glanz zu erhalten. Das durch die Radiumsalze ausgesandte Licht erinnert hinsichtlich seiner Farbe an das Glühwürmchen (Lampyrus); es kann so stark sein, daß es sogar am hellen Tage gesehen werden kann.

Wärmeentwicklung der Radiumsalze.

Die Radiumsalze sind der Sitz einer fortgesetzten selbsttätigen Wärmeentwicklung. Ein vor mehreren Monaten hergestelltes Gramm Radiumbromid entwickelt durchschnittlich 100 kleine Kalorien in der Stunde, d. h. ein Gramm Radium kann in der Stunde etwas mehr als eine gleich schwere Eismenge schmelzen.

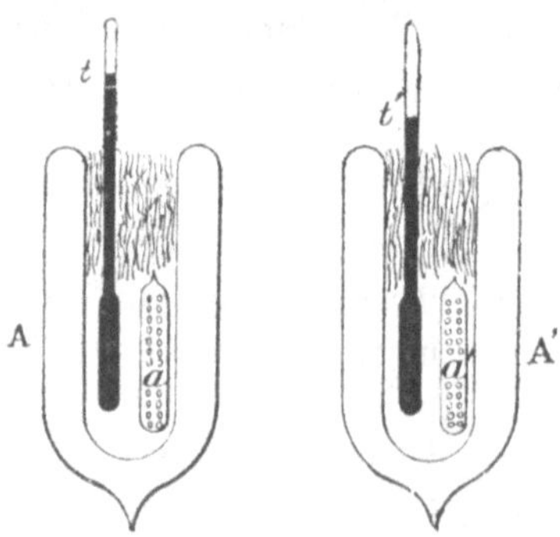

Figg. 13 u. 14 Wärmeentwicklung. der Radiumsalze.

Diese Wärmeentwicklung ist stark genug, um selbst bei einem groben, mit einem Thermometer ausgeführten Experiment wahrgenommen zu werden.

Ein Thermometer *t* und ein Gefäß *a* mit 7 Dezigramm Radiumbromidinhalt werden beispielsweise in ein Gefäß mit Wärmeschutzmantel *A* gestellt. (Figg. 13 u. 14.)

Sobald das Wärmegleichgewicht hergestellt ist, zeigt das Thermometer t beständig einen Temperaturüberschuß von 3 Grad gegen die Angaben eines zweiten Thermometers t', das unter sonst gleichen Umständen neben einem ein inaktives Salz, z. B. Baryumchlorid, enthaltenden Gefäß aufgestellt ist.

Die entwickelte Wärmemenge wird mittels des Bunsenschen Kalorimeters, indem man in dasselbe eine Radiumsalz enthaltende Glasröhre stellt, gemessen; man konstatiert einen anhaltenden Wärmezufluß, der aufhört, sobald man das Radium entfernt. Man kann auch den in Fig. 15 dargestellten Apparat verwenden, in welchem man die durch das Radium erzeugte Wärme benutzt, um ein verflüssigtes Gas zum Sieden zu bringen. Dieses Experiment gelingt besonders gut mit flüssigem Wasserstoff.

Ein Reagenzglas A (am unteren Teile geschlossen und mit Weinholdschem Wärmeisolator umgeben) enthält etwas flüssigen Wasserstoff H; ein Entwicklungsrohr t ermöglicht es, das Gas in einem mit Wasser gefüllten graduierten Röhrchen E aufzufangen. Das Reagenzglas A und sein Isolator tauchen alle beide in ein Bad flüssigen Wasserstoffes H' ein. Unter diesen Umständen wird in A keine Gasentwicklung hervorgebracht; führt man jedoch in den Wasserstoff des Reagenzglases A ein Röhrchen mit Radiumsalz ein, so erfolgt eine fortgesetzte Gasentwicklung, die man in E auffängt.

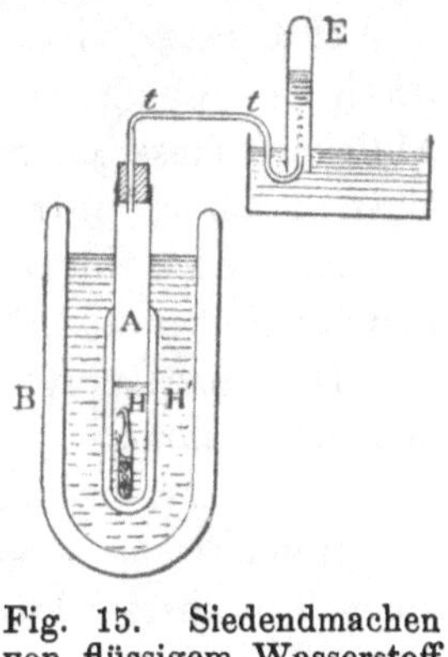

Fig. 15. Siedendmachen von flüssigem Wasserstoff durch Radiumsalze.

7 Dezigramm Radiumbromid entwickeln ungefähr 70 ccm Gas in der Minute.

Ein frisch präpariertes Radiumsalz entwickelt eine verhältnismäßig schwache Wärmemenge. Die in einer gegebenen Zeit entwickelte Wärme nimmt alsdann fortgesetzt zu und strebt einem Endwert zu, der nach Verlauf eines Monats noch nicht völlig erreicht ist.

Wenn man ein Radiumsalz in Wasser auflöst und die Lösung in eine verschlossene Röhre bringt, so ist die von der Lösung entwickelte Wärmemenge zunächst schwach; sie nimmt aber zu und wird nach Verlauf eines Monats ziemlich konstant. Wenn der Grenzzustand erreicht ist, entwickelt das in der verschlossenen Röhre enthaltene Radiumsalz die gleiche Wärmemenge im festen wie im flüssigen Zustand.

Aktivitätsveränderungen der Radiumsalze.

Die im gleichen physikalischen Zustand erhaltenen Radiumsalze besitzen eine dauernde Aktivität, die selbst nach Verlauf mehrerer Jahre keine merklichen Unterschiede aufweist.

Hat man jedoch ein Radiumsalz im festen Zustande frisch hergestellt, so besitzt es vorerst keine konstante Aktivität; diese nimmt erst mit der Zeit zu und erreicht einen ziemlich unveränderlichen Grenzwert nach Verlauf ungefähr eines Monats. Die Grenzaktivität ist vier- bis fünfmal größer als die Anfangsaktivität.

Das umgekehrte Phänomen wird hervorgerufen, wenn man ein Radiumsalz in Wasser auflöst. Die Aktivität der Lösung ist zunächst sehr groß; dann aber, wenn die Lösung der freien Luft ausgesetzt worden ist, verliert sie rasch einen Teil ihrer Aktivität und nimmt endlich eine Grenzaktivität an, die erheblich schwächer als die des Anfangsproduktes sein kann.

Wenn man ein Radiumsalz erwärmt, so nimmt seine Aktivität ab, allein diese Abnahme bleibt nicht bestehen, wenn man das Salz auf die Temperatur der atmosphärischen Luft zurückführt. Das Salz nimmt allmählich seine ursprüngliche Aktivität wieder an.

Durch die Radiumsalze hervorgerufene Strahlung und induzierte Radioaktivität.

Die Radiumsalze senden selbsttätig fortgesetzt eine zur Hervorbringung von Erscheinungen von erheblicher Stärke besonders fähige Strahlung aus.

Sie vermögen ihre Eigenschaften schließlich allen in ihrer Nähe befindlichen Körpern mitzuteilen. Diese Erscheinung wird induzierte Radioaktivität genannt.

Diese beiden Eigenschaften sind ungemein wichtig sowohl vom Gesichtspunkte der Erscheinungen selbst als der Effekte, die sie zu erzeugen vermögen. Sie verdienen, daß man ihnen einen größeren Raum beim Studium der durch die Radiumsalze hervorgerufenen Erscheinungen widmet.

Vierter Abschnitt.

Die Strahlung der Radiumsalze.

Trennung der verschiedenen Strahlengruppen.

Die durch die Radiumsalze ausgesandten Strahlen pflanzen sich geradlinig fort; sie werden weder zurückgeworfen, gebrochen, noch polarisiert. Sie bilden ein kompliziertes Gemisch, das man in drei Hauptgruppen einteilt. Rutherford hat die verschiedenen Gruppen durch die Buchstaben α, β, γ bezeichnet (Fig. 16.)

Die Wirkung eines stark magnetischen Feldes und die größere oder geringere Leichtigkeit, mit welcher sie die verschiedenen Stoffe zu durchdringen vermögen, dienen zu ihrer Unterscheidung.

Denken wir uns eine kleine Menge eines Radiumsalzes auf dem Boden einer in einen Bleiblock P gegrabenen tiefen Höhlung (Fig. 16). Die Strahlung entweicht alsdann daraus in Gestalt eines geradlinigen Bündels. Versetzen wir diese kleine Mulde in ein gleichförmiges und sehr intensives magnetisches Feld, das durch einen starken Elektromagneten erzeugt wird, der so aufgestellt ist, daß er mit seinem Nordpol vor der Ebene der Figur, mit seinem Südpol hinter der kleinen Mulde liegt (Fig. 17). Unter diesen Bedingungen werden die Strahlengruppen α, β, γ voneinander getrennt werden.

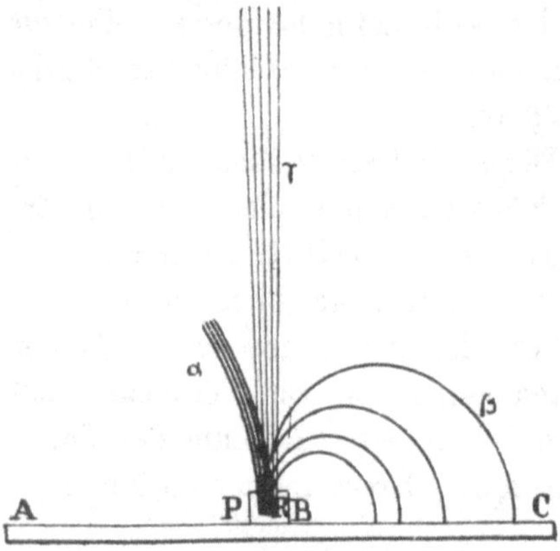

Fig. 16.
Wirkung des magnetischen Feldes auf die Radiumsalze.

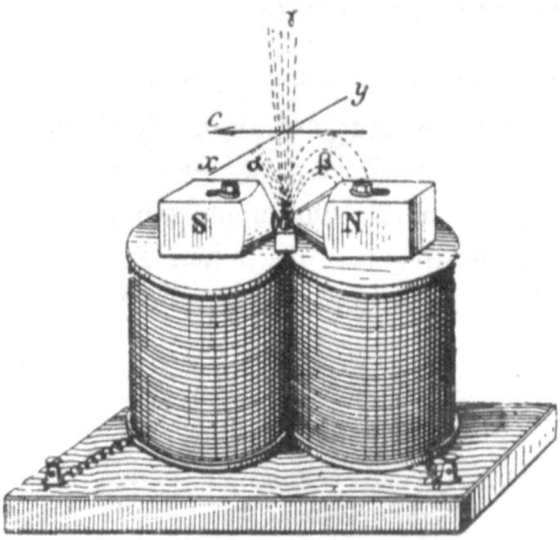

Fig. 17.
Wirkung des magnetischen Feldes auf die Radiumsalze.

Die Alpha-Strahlen werden von der geradlinigen Bahn, selbst durch die stärksten Felder, nur sehr schwach nach links abgelenkt. Sie bilden den wichtigsten Teil der Radiumstrahlung, wenigstens bei der Messung der Strahlung durch die Größe der Leitfähigkeit, die sie der Luft mitteilen.

Die Beta-Strahlen werden sehr stark durch das magnetische Feld abgelenkt und zwar in der gleichen Weise und im gleichen Sinne wie die Kathoden-Strahlen.

Die Gamma-Strahlen endlich werden gar nicht von ihrer geradlinigen Bahn abgelenkt; sie sind den Röntgenstrahlen vergleichbar und bilden nur einen schwachen Teil der Strahlung.

Prüfen wir nun flüchtig die Konstitution dieser Strahlengruppen.

Die α-Strahlen sind sehr wenig durchdringend. Sie werden bei ihrem Austritt aus dem Radiumsalz durch die Luft sehr schnell absorbiert; ein Aluminiumblättchen von etlichen Hundertstelmillimeter Dicke hält sie vollständig auf.

Die Absorptionsgesetze dieser Strahlen durch die isolierenden Substanzen gestatten, unabhängig von der Aktion des magnetischen Feldes, sie von den Röntgenstrahlen klar und bestimmt zu unterscheiden. Beim Durchlaufen der aufeinanderfolgenden isolierenden Substanzen werden die α-Strahlen immer weniger durchdringend (bei den Röntgenstrahlen hingegen entsteht die umgekehrte Erscheinung). Um dieses Resultat zu erklären, ist man geneigt anzunehmen, daß diese Strahlen als Projektile gebildet werden, deren Energie während des Durchdringens jeder isolierenden Substanz abnimmt. Auch konstatiert man, daß eine gegebene isolierende Substanz die α-Strahlen viel stärker absorbiert, wenn sie vom Radiumsalz weit entfernt, als wenn sie in dessen unmittelbarer Nähe sich befindet.

Alpha-Strahlen (α).

Die α-Strahlen werden durch die stärksten elektrischen und magnetischen Felder sehr wenig abgelenkt. Zuerst hatte man sie sogar als magnetisch unablenkbare Strahlen erachtet. Mittels einer scharfsinnigen Vorrichtung ist es Rutherford jedoch gelungen, die Ablenkung dieser Strahlen im magnetischen Felde zu zeigen und zu messen.

Aus diesen Untersuchungen erhellt, daß die α-Strahlen sich wie von einer bedeutenden Geschwindigkeit beseelte, mit positiver Elektrizität geladene Projektile verhalten. Sie sind den Kanalstrahlen Goldsteins analog.

Nach den neuesten Messungen von des Coudres ist die Geschwindigkeit dieser Projektile 20 mal geringer als die des Lichtes. Wenn man annimmt, daß die elektrische Ladung eines dieser Projektile gleich ist der eines Wasserstoffatoms in der Elektrolyse, so findet man, daß seine Masse in der Größenordnung einem Wasserstoffatom entspricht.

Die Alpha-Strahlen bilden eine Gruppe, die homogen erscheint; sie werden alle in gleicher Weise durch das magnetische Feld abgelenkt.

Sie sind es auch, die in dem von CROOKES unter der Benennung Spinthariskop hergestellten kleinen Apparat wirken. Bei diesem Apparat ist außen am Ende eines Metalldrahtes *a* (Fig. 18) ein Milligrammteil eines Radiumsalzes befestigt. Diesen Bruchteil legt man einige Zehntelmillimeter von einem Schirm *E* entfernt in SIDOTsche Blende: während man mit einer starken Lupe *L* den dem Radium zugekehrten Schirm im Dunkeln prüft, bemerkt man auf dem Schirm kleine Lichtpünktchen. Diese Lichtpünktchen erscheinen bald, bald verschwinden sie; es macht den Eindruck, wie das Sternengefunkel am nächtlichen Firmament. Der Effekt ist sehr seltsam. Man kann sich vorstellen, daß jeder erscheinende und verschwindende Lichtpunkt vom Stoß eines Projektiles herrührt. Beim ersten Male könnte man glauben, es mit einer Erscheinung zu tun zn haben, die die individuelle Einwirkung eines Atoms zu unterscheiden gestattet.

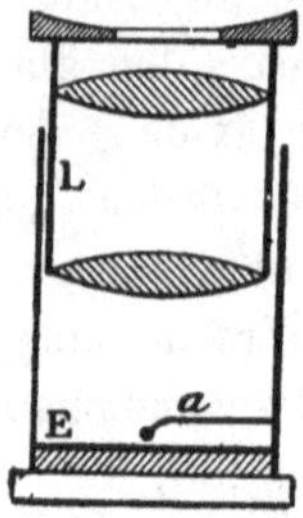

Fig. 18. Spinthariskop von CROOKES.

Beta-Strahlen (β).

Die β-Strahlen sind analog den Kathoden-Strahlen; sie werden wie jene durch das magnetische Feld leicht abgelenkt.

Die Ablenkung der Beta-Strahlen durch das magnetische Feld kann man mittels folgenden Experiments darstellen: Ein Radiumsalz *R* enthaltendes Glasgefäß wird an einem Ende eines Bleirohres mit sehr dicken Wänden *AB* (Fig. 19) angebracht. Dieses Rohr wird zwischen die Schenkel eines Elektromagneten gesetzt und normal zur Pollinie *NS* gerichtet. In einer bestimmten Entfernung von dem Ende *B* des Bleirohres bringt man ein mit Elektrizität geladenes

Elektroskop an. Die durch das Radiumsalz ausgesandten und durch das Rohr kanalisierten Strahlen bewirken die Entladung des Elektroskopes. Wenn man den Strom in den Draht des Elektromagneten leitet, werden die β-Strahlen auf die Wände des Bleirohres zurückgeworfen, die γ-Strahlen wirken ausschließlich und die Entladung geht sehr langsam vor sich. Die Alpha-Strahlen werden von der Luft unmittelbar in der Nähe des Radiumsalzes absorbiert, und

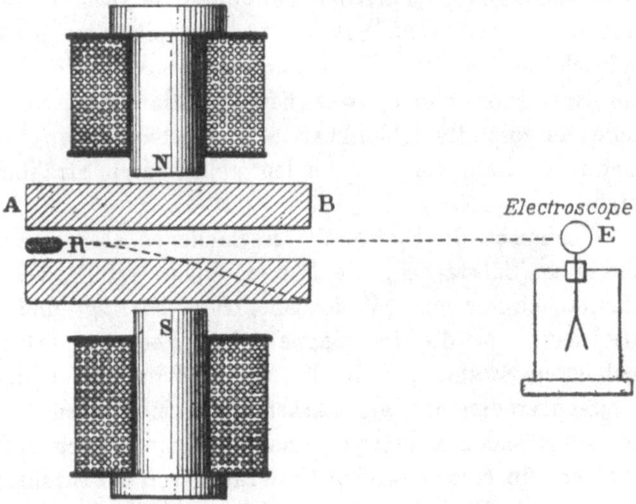

Fig. 19. **Ablenkung der β-Strahlen durch das magnetische Feld.**

vermögen nicht bis zum Elektroskop zu gelangen. Hört man auf, den Strom durch den Elektromagneten laufen zu lassen, so rufen die β-Strahlen die Entladung des Elektroskopes rasch hervor.

Die β-Strahlen stellen ein heterogenes Gemenge dar. Man kann sie voneinander durch ihr Durchdringungsvermögen und durch die veränderliche Ablenkung, die sie im magnetischen Felde erleiden, unterscheiden. Bestimmte unter ihnen werden leicht durch ein Aluminiumblättchen von einigen Hundertstelmillimeter Dicke absorbiert, während andere mehrere Millimeter Blei durchdringen.

Die durch die im magnetischen Felde abgelenkten β-Strahlen beschriebenen Bahnen sind kreisförmig und stehen zu der Richtung des magnetischen Feldes senkrecht. Die Strahlen der beschriebenen kreisförmigen Bahnen variiren in weiten Grenzen. Wenn man diese Strahlen auf einer photographischen Platte BC auffängt (Fig. 16), so sieht man, daß die Platte von Strahlen beeinflußt wird, die, nachdem sie Kreisbahnen beschrieben haben, auf die Platte zurückgeworfen werden und diese im rechten Winkel schneiden. Becquerel hat gezeigt, daß der also bewirkte Eindruck eine breite diffuse Bande, das echte kontinuierliche Spektrum bildet, was beweist, daß das von der Quelle ausgesandte ablenkbare Strahlenbündel aus einer unendlichen Zahl von verschieden ablenkbaren Strahlungen besteht.

Wenn man die Platte mit verschiedenen absorbierenden isolierenden Substanzen, wie Papier, Glas, Metalle, bedeckt, so findet sich nur ein Teil des Spektrums beseitigt und man konstatiert, daß die im magnetischen Feld am stärksten abgelenkten Strahlen, d. h. die, deren Bahn den kleinsten Krümmungsradius hat, am stärksten absorbiert werden. Bei jeder isolierenden Substanz beginnt die Einwirkung auf die Platte erst in einer gewissen Entfernung von der Strahlungsquelle; diese Entfernung ist um so größer, je absorbierfähiger die isolierende Substanz ist.

Die β-Strahlen des Radiums sind mit negativer Elektrizität geladen. Die experimentelle Vorführung dieser Tatsachen bestätigt die Analogie dieser Strahlen mit den Kathoden-Strahlen. Die Kathoden-Strahlen sind, wie Perrin nachgewiesen hat, ebenfalls mit negativer Elektrizität geladen: sie vermögen ihre Ladung durch mit der Erde verbundene Metallhüllen, sowie durch isolierende Platten hindurch zu führen. An allen Stellen, wo die Kathoden-Strahlen absorbiert werden, findet eine fortgesetzte Entwicklung von negativer Elektrizität statt.

Mittels eines ähnlichen Verfahrens ist es leicht, experimentell nachzuweisen, daß die β-Strahlen mit negativer Elektrizität geladen sind. Indessen ist diese Entwicklung schwach; um sie sichtlich zu machen, bedarf es einer vollkommenen Isolation des Leiters, der die Strahlen absorbiert. Zu diesem Zwecke stellt man den Leiter vor der Luft geschützt auf, indem man ihn entweder mit einem gut dielektrischen festen Körper umgibt oder in ein vollständig luftleeres Rohr bringt.

Der hierzu verwendete Apparat (Fig. 20) besteht aus einer leitenden Scheibe *M*, die durch einen Metallstab *t* mit

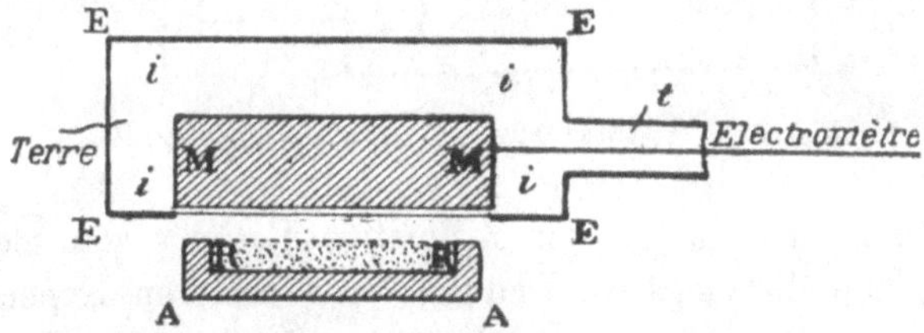

Fig. 20. Apparat zum Studium der β-Strahlen.

einem Elektrometer verbunden ist. Die Scheibe und der Stab sind mit dem Isoliermittel *i* vollständig umgeben und das Ganze von einer Metallhülle *E* bedeckt, die in andauernder Verbindung mit der Erde steht. Wenn man den Apparat der Strahlung eines Radiumsalzes *R*, das sich frei in einem kleinen Bleitrog befindet, aussetzt, so durchsetzen die Strahlen die Metallhülle, die isolierende Schicht und werden durch die Scheibe *M* absorbiert.

Man stellt alsdann eine konstante Entwicklung negativer Elektrizität am Elektrometer fest.

Die erzeugte Elektrizitätsmenge ist sehr schwach: sie steht in der Größenordnung von 10^{-11} Coulomb in der Sekunde für jedes sehr aktive radiumhaltige Baryumchlorid, das eine Schicht von 2,5 qcm Oberfläche und 0,2 cm Dicke bildet; die benutzten Strahlen durchdringen, ehe sie vom Leiter *M* absorbiert worden sind, eine Aluminiumschicht von 0,01 mm und eine Hartgummischicht von 0,3 mm.

Wenn man das Radiumsalz entfernt, oder wenn man ein weniger aktives Produkt verwendet, so sind die Ladungen schwächer.

Das umgekehrte Experiment besteht darin, das Radiumsalz in die Mitte der Isoliermasse zu bringen und den das Salz enthaltenden Trog mit dem Elektrometer (Fig. 21) in Verbindung zu setzen. Unter diesen Umständen stellt man

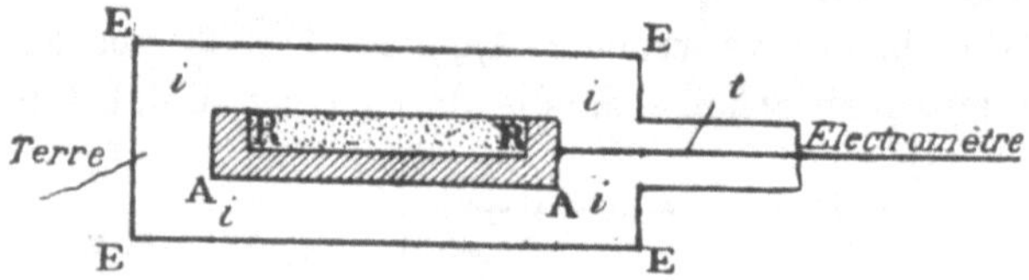

Fig. 21. Apparat zum Studium der β-Strahlen.

fest, daß das Radium eine positive Ladung von gleicher Größe wie die negative Ladung beim ersteren Experiment annimmt. Die sehr durchdringenden Strahlen des Radiums nehmen die negativen Ladungen mit sich fort.

Es geht aus diesen beiden Experimenten hervor, daß ein in ein vollständig isolierendes Gefäß eingeschlossenes Radiumsalz sich selbsttätig, wie eine Leidener Flasche, mit Elektrizität laden muß. Dies läßt sich mit einer seit einer gewissen Zeit Radiumsalz enthaltenden, verschlossenen Glasröhre nachprüfen. Wenn man mit einem Glasmesser einen Strich auf deren Wand macht, so tritt an dieser Stelle ein Funken aus, der das infolge des Schnitts verdünnte Glas durchbohrt hat; gleichzeitig verspürt der Experimentator einen leichten Schlag in den Fingern infolge des Durchganges der Entladung.

Das Radium liefert das erste Beispiel eines Körpers, der sich selbsttätig mit Elektrizität ladet.

Man kann diese letztere Tatsache auch noch mittels eines von STRUTT hergestellten kleinen Apparates, wie er in Fig. 22 abgebildet ist, vorführen. Ein kleines Glasgefäß R enthält ein Radiumsalz; es hängt an einem Quarzstift Q

und das Ganze ist in einem Glasbehälter *T* untergebracht. Zwei sehr dünne Goldblättchen bilden ein kleines Elektroskop; diese Blättchen können, indem sie sich spreizen, zwei dauernd mit der Erde verbundene Metalldrähte *a* und *a'* berühren. Im Behälter stellt man eine möglichst vollkommene Leere durch das Röhrchen *V* her.

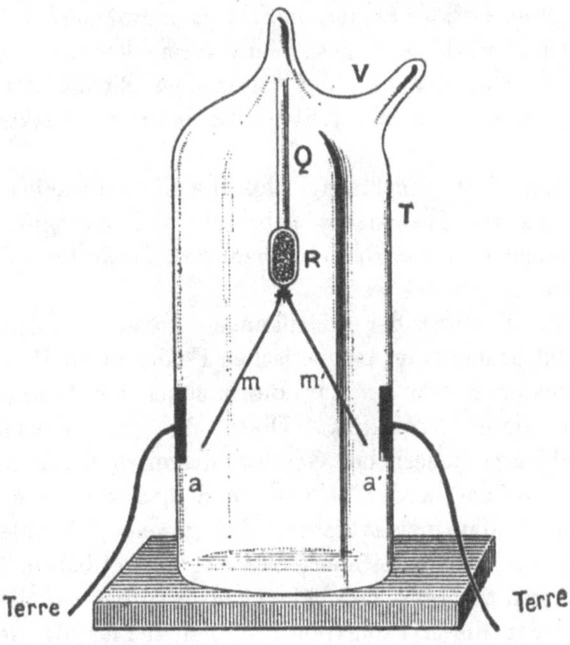

Fig. 22. Strutts Perpetuum mobile.

Das Funktionieren des Apparates ist sehr einfach. Die positive Ladung des kleinen Radiumgefäßes wird den Goldblättchen mitgeteilt und diese divergieren progressiv, in dem Maße wie die Ladung zunimmt. Wenn die Blättchen genügend gespreizt sind, berühren sie die beiden Metalldrähte *a* und *a'*, und die Ladung strömt am Boden aus, die Blättchen fallen nieder, nehmen wieder eine andere Ladung auf und divergieren von neuem. Da die Elektrizitätserzeugung fortgesetzt wird, spreizen und nähern die Blättchen sich anhaltend.

Die Ladungen und Entladungen folgen in um so kürzeren Zeiträumen aufeinander, je größer die Radiumbromidmenge in dem Gefäße ist. Damit das Experiment gut gelingt, muß das Radiumgefäß vollkommen isoliert sein, weshalb es eben gerade an einem Quarzfaden, der einen sehr guten Isolator abgibt, in dem ganz evakuierten Apparat aufgehängt wird. Auf diese Weise vermeidet man die durch die Tatsache, daß die Luft unter dem Einfluß der radioaktiven Substanzen zum Leiter wird, bewirkten Elektrizitätsverluste.

Man darf annehmen, daß die Beta-Strahlen durch mit negativer Elektrizität geladene und mit großer Geschwindigkeit vom Radium her geschleuderte Projektile (Elektrone) gebildet werden.

Die Messung der Ablenkungen dieser Strahlen unter der Einwirkung eines magnetischen Feldes führte BECQUEREL und später KAUFMANN zur Bestimmung der Geschwindigkeiten dieser Projektile. Diese für die verschiedenen β-Strahlen veränderlichen Geschwindigkeiten liegen zwischen $2{,}36 \times 10^{10}$ cm in der Sekunde und $2{,}83 \times 10^{10}$ cm in der Sekunde. Man ersieht daraus, daß gewisse β-Strahlen eine der des Lichtes vergleichbare Geschwindigkeit haben. Anderseits lassen theoretische Schätzungen vermuten, daß die Masse eines jeden dieser Projektile 2000mal kleiner als die eines Wasserstoffatoms ist.

Man begreift unschwer, daß mit solcher Geschwindigkeit beseelte Projektile einer so kleinen Masse ein sehr bedeutendes Durchdringungsvermögen gegenüber der Materie besitzen können.

Die Radiumstrahlen, und hauptsächlich die Beta-Strahlen, können sich zerstreuen. Sendet man auf einen dünnen Schirm ein von Radiumsalz herrührendes Strahlenbündel, so werden die Alpha-Strahlen absorbiert, die Gamma-Strahlen durchdringen in gut abgegrenzten Bündeln mit scharfen Rändern teilweise den Schirm. Was die Beta-Strahlen anlangt, so werden sie nach allen Richtungen zerstreut. Allein diese Diffusion scheint keine konstante Eigenschaft der β-Strahlen zu sein. Becquerel hat gezeigt, daß ein Beta-Strahlenbündel sich in gut bestimmtem Zustande im Paraffin fortpflanzt.

Gamma-Strahlen.

Die γ-Strahlen sind den Röntgenstrahlen durchaus vergleichbar; sie besitzen also keine elektrische Ladung. Sie bilden nur einen sehr schwachen Teil der Strahlung des Radiums. Gewisse γ-Strahlen weisen ein außergewöhnliches Durchdringungsvermögen auf; einige vermögen sogar mehrere Zentimeter Blei zu durchdringen. Sie ionisieren die Luft schwach und lassen eine durchaus scharfe, aber schwache Spur auf der photographischen Platte zurück. Es ist nun aber doch nicht ausgeschlossen, daß die Energie dieser Strahlen erheblich ist; denn, wenn die Effekte auf der empfindlichen Platte und die Gase schwach sind, so liegt dies größtenteils an der schwachen Absorption, der diese Strahlen unterliegen.

Alles in allem besitzen die durch das Radium ausgesandten Strahlen alle Merkmale derjenigen, welche von der Crookesröhre ausgehen. Die positiv geladenen Alpha-Strahlen entsprechen den Goldsteinschen Kanalstrahlen, die Beta-Strahlen den Kathoden-Strahlen und die Gamma-Strahlen den Röntgenstrahlen.

Die Strahlen des Radiums sind indessen durchdringender. Während die Kanalstrahlen im Vakuum nur eine Entfernung von etlichen Zentimetern durchlaufen, durchlaufen die Alpha-Strahlen dieselbe Entfernung in der Luft bei atmosphärischem Druck. Die Kathoden-Strahlen durchdringen nur schwer ein Aluminiumblatt von 4 tausendstel Millimeter. Wenn endlich die Röntgenstrahlen auch eine ziemlich große Dicke gewisser lichtundurchlässiger (opaker) Körper zu durchdringen vermögen, so werden sie hingegen doch von einem Bleiblatt von 1 oder 2 mm Dicke völlig aufgehalten, während man einen merklichen Effekt der γ-Strahlen durch eine Bleidicke von 5 oder 6 cm hindurch feststellen kann.

Fünfter Abschnitt.

Durch die Strahlung der Radiumsalze erzeugte Effekte.

Fluoreszenz- und Lichteffekte.

Die durch die Radiumsalze ausgesandten Strahlen rufen die Fluoreszenz einer sehr großen Anzahl von Körpern hervor. Mit einigen Substanzen gestaltet sich die Fluoreszenz sehr schön, wenn das verwendete radiumhaltige Produkt sehr aktiv ist. Die alkalischen und erdalkalischen Salze, das Kaliumuranyldoppelsulfat, die organischen Stoffe (Baumwolle, Papier, Haut, Cinchoninsulfat), Quarz, Glas werden kraft der Einwirkung der Becquerelstrahlen phosphoreszierend. Unter den verschiedenen Glasarten ist das sogen. Thüringer Glas besonders leuchtend. Die empfindlichsten Körper sind das Platinocyanid des Baryums, das eine prächtige grüne Phosphoreszenz annimmt, sowie das Kalium, das schön himmelblau wird. Der Willemit (natürliche Zinksilikatkristall), die Sidotsche Blende, der Diamant nehmen unter diesen Voraussetzungen einen äußerst lebhaften Glanz an. Der Kunzit (Erozit), ein von Kunz in Amerika entdecktes Mineral, worin der Forscher das Morgenrötetierchen (Eozoon) erkannte, wird lachsrosafarbig.

Alle Strahlengruppen scheinen geeignet, die Phosphoreszenz hervorzubringen; der Willemit und das Baryumplatinocyanid aber zeigen sich besonders leuchtend mit den durchdringenden Beta-Strahlen, während es für die Alpha-Strahlen vorzuziehen ist, Sidotsche Blende zu verwenden.

Man kann die Fluoreszenz des Baryumplatinocyanids auch dann noch beobachten, wenn dasselbe vom Radium mittels eines absorbierenden Schirms getrennt ist. Der Baryumplatinocyanidschirm ist noch leuchtend, wenn man ihn durch den menschlichen Körper vom Radium trennt.

Die Phosphoreszenz ist sogar noch sehr sichtbar, wenn das Radiumsalz 2 oder 3 m von dem Schirm entfernt wird. Dann aber ist es unerläßlich, daß das verwendete Salz sehr aktiv ist. Mit einem Platinocyanidkristall ist die erzeugte Leuchtfähigkeit sehr intensiv, namentlich, wenn das Radiumsalz gegen den Kristall gebracht wird.

Die schöne mit dem Diamant gewonnene Phosphoreszenz eignet sich recht gut für die praktische Anwendung. Es ist tatsächlich möglich, den Diamant kraft der Einwirkung der Radiumstrahlen von seinen Nachahmungen, wie Straß, Bleiglas usw., zu unterscheiden. Diese letzteren besitzen eine äußerst schwache Leuchtfähigkeit gegenüber der des Diamants.

Mit Zinksulfid bleibt die Leuchtfähigkeit ziemlich lange bestehen, wenn man die Einwirkung der Strahlung beseitigt.

Es darf angenommen werden, daß die selbsttätige Leuchtfähigkeit der Radiumsalze dem Umstande zugeschrieben werden muß, daß sie sich selbst durch die Einwirkung der von ihnen ausgehenden Becquerelstrahlen in Phosphoreszenz versetzen.

In gewissen Fällen ist sie intensiv genug, um dabei ein Buch lesen zu können; sie vermag sogar am hellen Tage wahrgenommen zu werden. Das vom Bromid ausgesandte Licht ist das stärkste.

Dieses Licht wurde neuerdings von Herrn und Frau Huggins im Spektroskop geprüft. Sie haben die sehr merkwürdige Tatsache festgestellt, daß das Spektrum nicht völlig kontinuierlich ist; es weist Verstärkungen auf, deren Stellungen genau den glänzenden Banden des Spektrums des Stickstoffs entsprechen, das gewonnen wurde, indem man das mittels elektrischer, durch dieses Gas hindurchgehender Entladungen hervorgebrachte Licht analysierte.

Es ist zulässig, diese Banden auf die elektrischen

Entladungen der Radiumstrahlung zurückzuführen, die durch die einschließende oder umgebende Luft verursacht werden. Das gesamte Licht der Radiumsalze dürfte also nicht der Phosphoreszenz derselben zuzuschreiben sein.

Färbung der Körper durch die Einwirkung der Radiumstrahlen.

Die einer verlängerten Einwirkung der Radiumsalze unterworfenen phosphoreszierenden Substanzen werden im allgemeinen allmählich verändert und sodann minder reizbar und weniger leuchtend unter der Einwirkung der Salze. Man stellt gleichzeitig fest, daß die meisten dieser Körper eine sehr erhebliche Veränderung in ihrer Färbung erleiden. Anderseits ist es jedoch nicht ausgeschlossen, daß diese Färbungsveränderungen von einer chemischen Modifikation der phosphoreszierenden Substanz begleitet sein können.

Die Strahlen des Radiums färben Glas violett, braun oder schwarz; diese Färbung erfolgt in der Glasmasse selbst und bleibt, auch wenn man das Radiumsalz, das sie erzeugt hat, entfernt. Die alkalischen Salze werden gelb, violett, blau oder grün gefärbt; der durchsichtige Quarz verwandelt sich in Rauchquarz; der farblose Topas wird orangegelb usw.

Unter der Einwirkung der Radiumstrahlung bräunt sich das Baryumplatinocyanid; aber teilweise nimmt es seine ursprüngliche Farbe wieder an, wenn man es einige Zeit dem Lichte aussetzt. Das Kaliumuranylsulfat wird gelb.

Das vom Radium gefärbte und nachher auf 500 Grad erhitzte Glas entfärbt sich. Die Entfärbung wird gleichzeitig von einer Lichtaussendung begleitet. Die unter dem Namen Thermolumineszenz bekannte Phänomen war bereits an einigen Körpern, wie am Flußspat, beobachtet worden. Der Flußspat wird leuchtend, wenn man ihn erhitzt. Diese Leuchtfähigkeit erschöpft sich allmählich. Man kann ihm jedoch die Fähigkeit, leuchtend zu werden, durch Wärme wiedergeben, indem man ihn der Einwirkung eines Funkens oder eines Radiumsalzes aussetzt. Unter diesen Voraussetzungen geht der Flußspat auf seinen Urzustand zurück.

Diese Erscheinung ist der bei Radiumstrahlen ausgesetztem Glase identisch. Es geht eine Umformung in dem Glase vor sich, während es der Einwirkung der Radiumsalze unterworfen ist, wobei die Färbung progressiv zunimmt; wenn man es erhitzt, findet die umgekehrte Umwandlung statt, die Färbung verschwindet und die Erscheinung ist von einer Lichtemission begleitet. Das Glas ist auf seinen Urzustand zurückgeführt worden; es ist nun geeignet, durch die Einwirkung der Radiumsalze abermals gefärbt zu werden.

Möglich ist, daß hierbei eine Modifikation chemischer Art stattfindet, mit welcher die Lichtentwickelung eng verknüpft sein würde. Diese Erscheinung kann allgemein sein; die durch die Einwirkung der Radiumsalze erzeugte Fluoreszenz würde von einer chemischen oder physikalischen Umwandlung der lichtaussendenden Substanz abhängig sein.

Chemische und photographische Wirkungen.

Die Radiumstrahlen rufen verschiedene chemische Wirkungen hervor. In diese Gruppe würde man bereits alle vorherbeschriebenen Fluoreszenz- und Färbungserscheinungen einschalten dürfen.

Abgesehen hiervon sind die durch die Radiumsalze ausgesandten Strahlen fähig, sehr deutliche chemische Reaktionen zu erzeugen. So wird weißer Phosphor in roten verwandelt.

In der Nähe der Radiumsalze kann man in der Luft die Ozonentwicklung konstatieren. Um aber Ozon entwickeln zu können, muß eine unmittelbare, wenn auch noch so geringe Verbindung zwischen der zu ozonisierenden Luft und dem Radium stattfinden. Diese Reaktion scheint wohl eher mit der Erscheinung der weiter unten zu besprechenden induzierten Radioaktivität zusammenzuhängen.

Papier wird durch die Einwirkung des Radiums gelb gefärbt; weiter wird es auch brüchig und bröcklig.

Die Radiumsalze selbst scheinen unter der Einwirkung der von ihnen ausgehenden Strahlung eine Veränderung zu erleiden. Sie färben sich, entwickeln Sauerstoffverbindungen des Chlors, wenn das Salz ein Chlorid, des Broms, wenn das Salz ein Bromid ist. Giesel hat nachgewiesen,

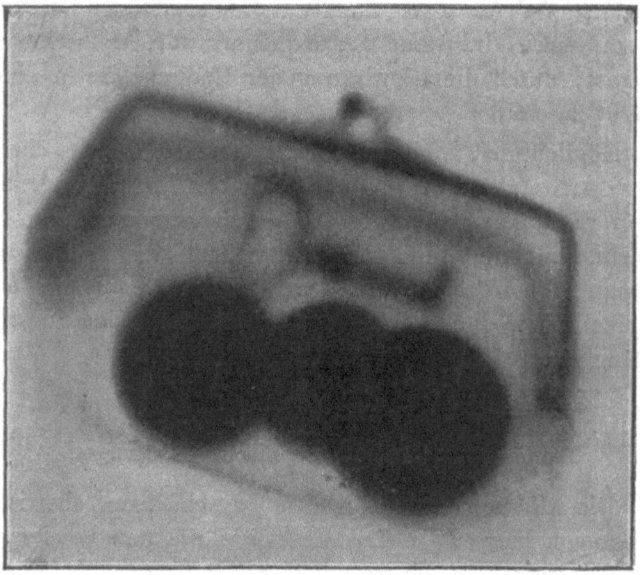

Fig. 23. Radiographie mittels Radiumsalzen.

daß eine Radiumsalzlösung ununterbrochen Wasserstoff entwickelt. Die Radiumstrahlung wirkt auf die in der Photographie verwendeten Substanzen in derselben Weise wie das Licht ein. Diese an die größere oder geringere Durchsichtigkeit der verschiedenen Substanzen für die Strahlnng gebundene Eigenschaft ermöglicht es, Radiographien zu erlangen, die den mit den X-Strahlen gewonnenen vergleichbar sind, nur geschieht dies viel einfacher. Ein kleines Glasgefäß, das einige Zentigramme eines Radiumsalzes enthält, ersetzt die Crookesröhre und die zahlreichen für ihren Gebrauch erforderlichen Vorrichtungen.

Man kann auf große Entfernungen und mit Strahlungsquellen von sehr kleinen Dimensionen arbeiten und wird immer ziemlich gute Radiographien (Fig. 23) erhalten. Unter diesen Bedingungen verwendet man β- und γ-Strahlen, da die α-Strahlen sehr rasch absorbiert werden. Die so gewonnenen Radiographien ermangeln der Schärfe; die β-Strahlen erleiden beim Durchstrahlen des zu radiographierenden Gegenstandes tatsächlich Zerstreuung und veranlassen eine gewisse Verschwommenheit.

Um ganz scharfe Radiographien zu erlangen, ist es ratsam, die β-Strahlen zu beseitigen, indem man sie durch einen starken Elektromagneten ablenkt. Man verwendet hierzu die in Fig. 24 abgebildete Vorrichtung. Der zu radiographierende Gegenstand *O* wird auf die von schwarzem Papier *P* umgebene photographische Platte gebracht. Das Gefäß mit dem Radiumsalz wird bei *R* zwischen den Polen eines Elektromagneten angebracht; erregt man den Elektromagneten, so werden ausschließlich die γ-Strahlen verwandt; da sie nur einen geringen Teil der Gesamtstrahlung ausmachen,

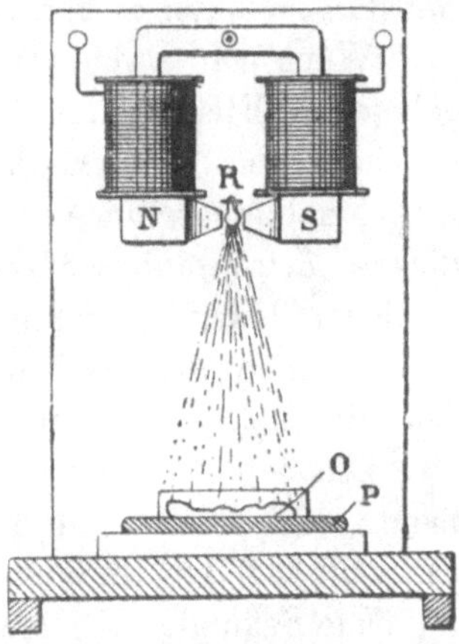

Fig. 24. Apparat zur Erlangung von Radiographien mit Radiumsalzen.

muß die Expositionsdauer erheblich vermehrt werden. Es bedarf daher mehrerer Tage, ehe überhaupt eine Radiographie erzielt wird. Die Radiographie eines Gegenstandes, z. B. eines Portemonnaies, braucht einen Tag mit einer, von einigen Zentigramm in eine Glasröhre eingeschlossenem Radiumsalz gebildeten Strahlungsquelle, die 1 m von der empfindlichen Platte entfernt, vor welcher der Gegenstand aufgestellt ist, sich befindet.

Wenn die Röhre nur 20 cm von der empfindlichen Platte entfernt ist, so wird das gleiche Resultat innerhalb einer Stunde erzielt.

Alle hinlänglich aktiven Radiumsalze müssen von dem photographischen Laboratorium ausgeschlossen werden, da sonst die empfindlichen photographischen Substanzen, die sich dort vorfinden können, beeinflußt werden.

Ionisierende Wirkung der Radiumstrahlen.

Die Radiumstrahlen machen die Luft, die sie durchlaufen, zum Elektrizitätsleiter. Diese wichtige Eigenschaft hat man für die Messung der Strahlung der radioaktiven Substanzen nutzbar gemacht.

Wenn man einige Dezigramm eines Radiumsalzes einem geladenen Elektroskope nähert, so entladet sich dasselbe unverzüglich. Die Entladung erfolgt auch noch, jedoch manchmal langsamer, wenn man das Elektroskop mit einer dicken Metallwand schützt. Blei, Platin absorbieren die Radiationen leicht; dagegen ist Aluminium das durchlässigste Metall. Die organischen Substanzen sind verhältnismäßig sehr durchlässig für die Becquerelstrahlen.

Das folgende von Herrn Curie selbst erdachte Experiment zeigt höchst anschaulich die durch die Luft unter dem Einfluß der Radiumsalze erworbene Leitfähigkeit.

Die Sekundärrolle einer Induktionsspule B (Fig. 25) wird durch Metalldrähte mit zwei weit genug voneinander entfernten Funkenmikrometern M und M' verbunden, die zwei verschiedene, einander gleichwertige Wege für den Durchgang bieten.

Man reguliert die Mikrometer so, daß die Funken ziemlich reichlich zwischen den Kugeln eines jeden von ihnen hindurchgehen. Nähert man einem der Mikrometer ein Radiumsalz enthaltendes Gefäß, so hören die Funken auf, durch das andere hindurchzugehen, da der durch das erste

Mikrometer gebotene Weg viel weniger Widerstand bietet, als der durch das zweite Mikrometer gebotene.

Das Experiment gelingt noch sehr gut, wenn das Radiumgefäß von einer mehrere Zentimeter starken Bleiplatte geschützt wird; die Wirkung des Funkens wird nicht sehr vermindert, selbst wenn der größte Teil der Strahlung durch die Platte aufgehalten wird. Es scheint, als ob bei diesem Phänomen die sehr durchdringenden Strahlen die wirksamsten seien.

Der Mechanismus der in den Gasen vermöge der Becquerelstrahlen erzeugten Leitfähigkeit ist analog dem

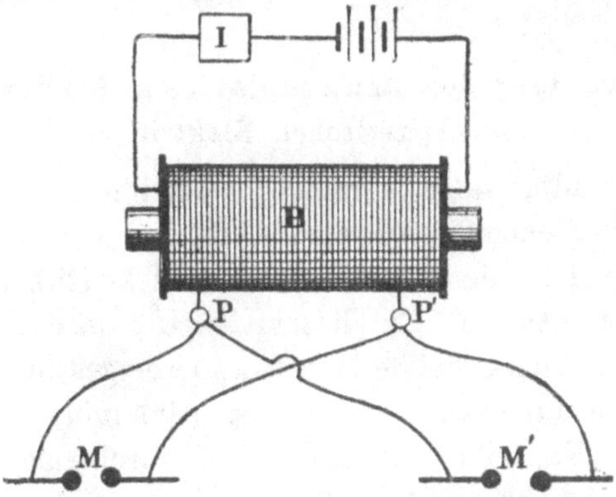

Fig. 25. Apparat zum Nachweis der der Luft durch die Radiumsalze verliehenen Leitungsfähigkeit.

den Röntgenstrahlen eigentümlichen. Unter dem Einfluß dei Strahlung wird das Gas ionisiert, d. h. seine Moleküle erleiden eine eigenartige Dissoziation, deren Endresultat ist, in den Gasen mit Elektrizität geladene Zentren, sogen. Ionen, zu schaffen. Dieses in ein elektrisches Feld gebrachte ionisierte Gas verhält sich wie ein Gasleiter. Je aktiver die Substanz ist, desto größer ist die erzeugte Ionenzahl und desto höher ist auch die Leitfähigkeit. Die Leitfähigkeit ist demnach eng an die Aktivität der Substanz gebunden; diese letztere Erwägung rechtfertigt zum Teil die Anwendung dieser Eigenschaft auf die Messung der Strahlung der radioaktiven Substanzen.

In einem Laboratorium, wo man mit Radiumsalzen arbeitet, ist es ausgeschlossen, einen gut isolierten Apparat zu besitzen, denn die Luft des Zimmers ist ein Leiter. Man muß also besondere Vorrichtungen treffen, so z. B. die geladenen Leiter mit festen dielektrischen Körpern umgeben.

Herr Curie hat nachgewiesen, daß die Radiumstrahlen auf flüssige dielektrische Körper wie auf Luft wirken, indem sie ihnen eine gewisse elektrische Leitfähigkeit mitteilen. Man kann diese Erscheinung mit Petroläther, Vaselinöl, Benzin, Amylen, Schwefelkohlenstoff, flüssiger Luft konstatieren.

Verwendung der Radiumsalze beim Studium der atmosphärischen Elektrizität.

Die Radiumsalze vermögen vorteilhaft die Flammen oder Kelvinschen Tropfapparate, die bis jetzt allgemein für die Untersuchung der atmosphärischen Elektrizität angewendet wurden, zu ersetzen. Zu diesem Zwecke wird das Radiumsalz in eine kleine flache Metallkapsel eingeschlossen, deren eine Fläche aus einem sehr dünnen Aluminiumplättchen besteht. Die Kapsel ist am Ende eines durch einen mit einem Elektrometer verbundenen Metallstabes befestigt. Die Luft wird in der Nähe des Stabendes zum Leiter gemacht und der Stab nimmt das Potential der umgebenden Luft an. Die Messungen werden mit dem Elektrometer ausgeführt.

Physiologische Wirkungen.

Die Radiumstrahlen rufen verschiedene physiologische Wirkungen hervor. Sie üben eine sehr deutliche Wirkung auf die Epidermis aus.

Bringt man auf die Haut eine kleine Celluloidkapsel, die ein sehr aktives Radiumsalz enthält, und läßt sie einige Zeit darauf liegen, so verspürt man zwar noch keine besondere Empfindung, aber 14 Tage bis 3 Wochen später erscheint auf der Hautstelle ein roter Fleck, dann ein Schorf in der Gegend, wo das Gefäß appliziert wurde; wenn die Einwirkung des Radiums ziemlich lange gedauert hat, bildet sich schließlich eine Wunde, die zur Heilung mehrere Monate erfordern kann.

Bei einem Experiment ließ Herr Curie ein strahlendes, verhältnismäßig nicht sehr aktives Produkt zehn Stunden hindurch auf seinem Arme liegen. Es trat sofort Röte auf, und es entwickelte sich später eine Wunde, zu deren Heilung vier Monate nötig waren. Die Epidermis wurde an der betreffenden Stelle zerstört und bildete sich nur langsam und langwierig mit Hinterlassung einer sehr bemerkbaren Narbe neu. Bei einem anderen Experiment dauerte die Exposition mit dem Radiumsalz eine halbe Stunde; die Brandwunde zeigte sich erst nach Verlauf von zwei Wochen. Es entwickelte sich eine Blase, die zwei Wochen zur Heilung nötig hatte. Bei einem dritten Experiment endlich, wo die Exposition nur acht Minuten gedauert hatte, zeigte sich der rote Fleck erst zwei Monate nachher; der Effekt war übrigens unbedeutend.

Die vorstehenden Ergebnisse weisen darauf hin, daß man ein Radiumsalz nicht anders als in ein sehr dickes Bleiblatt eingewickelt längere Zeit bei sich tragen soll.

Die Wirkung der Radiumstrahlen auf die Haut ist analog der, welche die Röntgenstrahlen oder das ultraviolette Licht verursachen. Sie kann sich durch irgendwelche Körper hindurch vollziehen, doch sind die Effekte weniger markant.

Diese wenigen Experimente bildeten den Ausgangspunkt für zahlreiche Heilversuche bei Lupus, Krebs und verschiedenen anderen Hautkrankheiten. Das Radium hat bis heute ermutigende Resultate erbracht. Die Technik der Behandlung dieser Krankheiten ist höchst einfach: Die infolge der Einwirkung der Radiumstrahlen teilweise zerstörte Epidermis bildet sich zum gesunden Zustande zurück.

Die Wirkung des Radiums auf die Haut wurde von

Dr. med. Danlos im Hospital St. Ludwig zu Paris als Behandlungsverfahren bei Lupus erforscht.

Herr Danlos hat beobachtet, daß die kranke, der Einwirkung des Radiums ausgesetzte Hautstelle eine Reihe von Veränderungen von zunehmender Intensität zeigt. Zunächst und allmählich bildet sich ein roter Fleck; nach einer Zeit von ein bis drei Wochen zeigt die Epidermis je nach dem vorausgegangenen Zustande ein weißliches Aussehen und fällt schließlich ab; kleine vereinzelte Wunden treten auf, vergrößern sich und entwickeln sich endlich zu einem Geschwür, das eine ziemlich reichliche rötliche Flüssigkeit absondert. Einen Monat später schließt sich das Geschwür und es bildet sich eine weiße, glatte und weiche Narbe.

Diese Behandlung würde im Vergleich mit den älteren Heilverfahren sehr einfach sein und ziemlich rasch verlaufen. Sie vollzieht sich schmerzlos und läßt nur sehr selten entstellende Narben zurück.

Zurzeit werden zahlreiche Versuche sowohl in Paris, Wien, London als auch in New York angestellt. Freilich fehlt noch die Sanktion der Erfahrung, man darf aber wohl hoffen, daß die Behandlung der Hautkrankheiten mittels Radiums einen wichtigen Platz neben der Röntgenstrahlentherapie, deren Erfolge bereits hervorragend und zahlreich sind, einnehmen wird. Wenn die erzielten Effekte denen vergleichbar sind, die mittels der Röntgenstrahlen oder des ultravioletten Lichtes hervorgerufen werden, so liegt die Vermutung nahe, daß man die Behandlung mittels Radiumstrahlen vorziehen wird, denn mit einigen Dezigramm Substanz würde man die Anschaffung eines viel kostspieligeren Materials und ziemlich schwierige Manipulationen vermeiden.

Giesel hat nachgewiesen, daß die Radiumstrahlen auf das Auge wirken. Wenn man im Dunkeln ein Gefäß mit Radiumsalz in die Nähe des geschlossenen Lides oder der Schläfe bringt, so wird im Auge eine Helligkeitsempfindung hervorgebracht. Himstedt und Nagel haben gezeigt, daß bei diesen Experimenten unter der Einwirkung der Radiumstrahlen die Medien des Auges durch Phosphoreszenz leuchtend werden, und die Lichtempfindung ihre Quelle im Auge selbst hat. Die Blinden, bei denen die Retina intakt ist, sind gegen die Radiumwirkung empfindlich, während solche, deren Retina krank ist, keine Lichtempfindung von den Strahlen verspüren.

Die Radiumstrahlung hat eine bakterientötende Wirkung; sie verhindert oder hemmt die Entwicklung mikrobischer Siedlungen. Diese Wirkung ist indessen nicht sehr intensiv.

Danysz vom Institut Pasteur hat sich mit der Wirkung der Strahlen auf das Rückenmark und Gehirn besonders beschäftigt. Diese Wirkung ist sehr kräftig. So hat Herr Danysz festgestellt, daß, wenn man ein Gefäß mit sehr aktivem Radiumsalz längs des Rückgrats einer Maus eine Stunde lang anbrachte, das Tier nach Verlauf einiger Tage gelähmt wurde und plötzlich starb. Analoge Tatsachen zeigen sich, wenn man das Gefäß auf die Gehirnmasse eines Kaninchens, dessen Schädel trepaniert ist, stellt.

Herr Bohn hat nachgewiesen, daß das Radium das tierische Bindegewebe im Wachstum verändert.

Herr Giesel endlich hat bemerkt, daß die der Wirkung der Radiumstrahlung ausgesetzten Pflanzenblätter zunächst gilben und dann absterben.

Herr Matout hat einige Beobachtungen über das Keimen von Körnern, die der Radiumstrahlung, bevor sie gepflanzt worden sind, ausgesetzt wurden, gemacht. Nach ungefähr acht Tage dauernder Exposition von Kressen- und weißen Senfkörnern keimten diese nicht mehr, als sie gepflanzt wurden. Die Radiumstrahlung hat also die Körner in dem Maß beeinflußt, daß sie ihre Keimfähigkeit zerstörte.

Wirkung der Temperatur auf die Strahlung.

Die Radiumstrahlung bleibt die gleiche, sei es, daß das Radium in flüssiger Luft ($t = -180^0$) sich befindet, sei es, daß es der atmosphärischen Luft ausgesetzt sei. Verschiedene Experimente beweisen das. So bleibt die Leuchtfähigkeit eines radiumhaltigen Baryumchlorids bestehen, wenn man das Gefäß mit dem Radium in flüssige Luft taucht. Bei der Temperatur der flüssigen Luft unterhält das Radium die Fluoreszenz des Baryumplatinocyanids. Wenn man auf dem Boden eines geschlossenen Glasrohrs ein Gefäß mit Radiumsalz und einen kleinen, durch die Nähe des Radiums leuchtend gemachten Baryumplatinocyanidschirm bringt, und wenn man alsdann das Glasrohr in flüssige Luft taucht, so läßt sich erkennen, daß der Baryumplatinocyanidschirm ebenso leuchtend als vor dem Eintauchen ist.

Dies sind, kurz und bündig gesagt, die Hauptwirkungen der Strahlung der Radiumsalze.

Es erübrigt noch, ein von Natur verschiedenes und wegen seiner Konsequenzen hochbedeutsames Phänomen zu besprechen. Diese unter dem Namen der induzierten Radioaktivität bekannte Erscheinung soll den Gegenstand des letzten Teiles bilden.

Sechster Abschnitt.

Die induzierte Radioaktivität und die Emanation des Radiums.

Aktivierungserscheinung.

Alle festen, flüssigen oder luftförmigen Körper, die eine Zeitlang in der Nähe eines Radiumsalzes sich befinden, nehmen die strahlenden Eigenschaften desselben an; sie werden radioaktiv und senden ihrerseits Becquerelstrahlen aus. Es findet dabei eine Art Übertragung der Aktivität des Radiumsalzes an die in seine Nähe gebrachten Körper statt. Diese Tatsache stellt das Phänomen der induzierten Radioaktivität dar.

Die induzierte Radioaktivität pflanzt sich in den Gasen von Ort zu Ort durch Leitung fort. Die Gase selbst werden in der Nähe der Radiumsalze radioaktiv.

Die Erscheinung tritt in besonders starker Weise auf, wenn man die zu aktivierenden Körper in einen geschlossenen Raum mit einem festen Radiumsalz oder besser mit einer Radiumsalzlösung bringt. Rutherford hat nachgewiesen, daß die durch die Körper angenommene Aktivität viel erheblicher war, wenn man sie zu einem im Vergleich mit den benachbarten Körpern negativen Potential lud.

Man bringt in einen geschlossenen, mit Luft gefüllten Raum *M* (Fig. 26) in einer kleinen Schale *a* befindliches Radiumsalz und verschiedene Substanzen *ABCDE*.

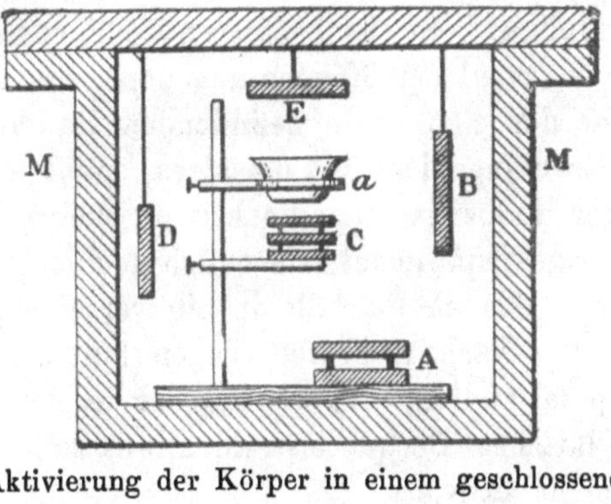

Fig. 26. Aktivierung der Körper in einem geschlossenen Raume.

Unter diesen Bedingungen und nach Verlauf genügender Zeit haben sich alle Körper aktiviert. Man kann sie dann der Wirkung des Radiums entziehen, sie aus dem Raume herausnehmen und feststellen, daß sie der Herd einer Becquerelstrahlenaussendung geworden sind. Die Aktivität dieser Substanzen kann mittels der weiter oben beschriebenen Vorrichtung für die Messung der Aktivität der radioaktiven Substanzen bestimmt werden.

Die durch die Körper *BCDE* angenommene Aktivität ist dieselbe, gleichviel, welcher Natur diese Körper seien

(Blei, Kupfer, Glas, Hartgummi, Pappe, Paraffin, Celluloid). Indessen ist die Aktivität einer Fläche eines der Plättchen um so größer, je größer der freie Raum vor dieser Fläche ist. So ist denn die innere Fläche eines der Plättchen, *A*, weniger aktiv als ihre seine Fläche.

Die aktivierten und von den Radiumsalzen entfernten Körper bewahren eine Zeitlang ihre Aktivität; dieselbe nimmt allmählich ab und verschwindet schließlich ganz.

Man stellt fest, daß die Aktivität der Plättchen zunächst zunimmt mit der Dauer des Aufenthalts in dem Raume, daß sie jedoch bei einem hinreichend verlängerten Aufenthalt einen gewissen Grenzwert erreicht.

Die Natur und der Druck des Gases, des Raumes und die relative Stellung der zu aktivierenden Substanzen haben keinen Einfluß auf die beobachteten Phänomene, und die durch die verschiedenen Körper angenommene Aktivität ist proportional der sich darin befindenden Radiumsalzmenge.

Die Strahlung des Radiumsalzes spielt bei der Erzeugung der induzierten Radioaktivität keine Rolle; man kann das vorige Experiment tatsächlich nochmals vornehmen, nachdem man das Radiumsalz in ein verschlossenes Gefäß gebracht hat. Nach mehreren Tagen läßt sich dann am Elektroskop feststellen, daß keines der in den Raume gebrachten Plättchen Becquerelstrahlen aussendet; sie haben sich also nicht aktiviert.

Damit die Körper die Eigenschaft der Aussendung von Becquerelstrahlen anzunehmen vermögen, muß man diese Körper direkt oder vermittelst eines gasförmigen Stoffes mit dem Radiumsalz in Verbindung bringen.

Die Emanation des Radiums.

Zur Erklärung dieser Erscheinungen dürfen wir mit Rutherford annehmen, daß das Radium ständig ein materielles radioaktives Gas entwickelt, welches man Emanation nennt. Diese Emanation verbreitet sich im Raume, mischt sich mit den das Radiumsalz umgebenden Gasen und kann in besonderer Gestalt an der Oberfläche fester Körper wirken und sie radioaktiv machen. Die Phänomene der induzierten Radioaktivität dürften also das Ergebnis einer durch die Emanation bewirkten radioaktiven Energieübertragung sein.

Alle in der Nähe der Radiumsalze befindlichen Gase werden radioaktiv; nach der vorstehenden Hypothese sind sie mit Emanation geladen. Diese Gase können also den festen Körpern, die man ihnen zugesellt, Aktivität mitteilen.

Wenn man das aktivierte Gas in einen anderen Raum schafft, bewahrt es eine ziemlich lange Zeit hindurch die Eigenschaft, die mit ihm in Berührung gebrachten festen Körper radioaktiv zu machen; allein die mit dem Gase entführte Emanation zerstört sich unter diesen Umständen selbsttätig und das Gas verliert seine aktivierenden Eigenschaften. Diese Vernichtungsgeschwindigkeit ist so groß, daß die in dem Gase enthaltene Ausströmungsmenge innerhalb vier Tagen um die Hälfte abnimmt.

Die Radiumsalze sind der Herd einer beständigen Emanationsabgabe. Wenn man eine Radiumsalzlösung in ein bis zur Hälfte mit einem flüssigen Stoffe gefülltes Gefäß einschließt, so häuft sich die Emanation in dem Gase über der Lösung an. Die angesammelte Emanationsmenge wächst nicht unbegrenzt; die Emanation wird teilweise zerstört, während das Radium tatsächlich eine neue Menge davon erzeugt; das Endgleichgewicht wird erzielt, wenn der aus dem Verschwinden der Emanation resultierende Verlust die andauernde Emanationserzeugung des Radiumsalzes kompensiert.

Verschwinden der durch die Radiumsalze induzierten Radioaktivität in geschlossenem Gefäß.

Nehmen wir an, daß Emanation sich in einer Röhre *A* (Fig. 27) ansammelt, indem man sie mit einem Gefäß *B*, das eine Radiumsalzlösung *S* enthält, in Verbindung setzt. Nach Verlauf einiger Tage hat sich die in der Röhre *A* enthaltene Luft mit Emanation geladen: sie ist radioaktiv geworden und hat den Gefäßwänden Aktivität mitgeteilt. Wenn man nun die Röhre von dem Gefäß trennt, indem man an der Lampe den Teil *a* zuschmilzt, so bemerkt man, daß die Röhre *A* Becquerelstrahlen aussendet.

Zu diesem Zwecke bedient man sich einer experimentellen Vorrichtung ähnlich der, welche man für die Intensitäts-

Fig. 27.
Auffangen der Emanation in einer Röhre.

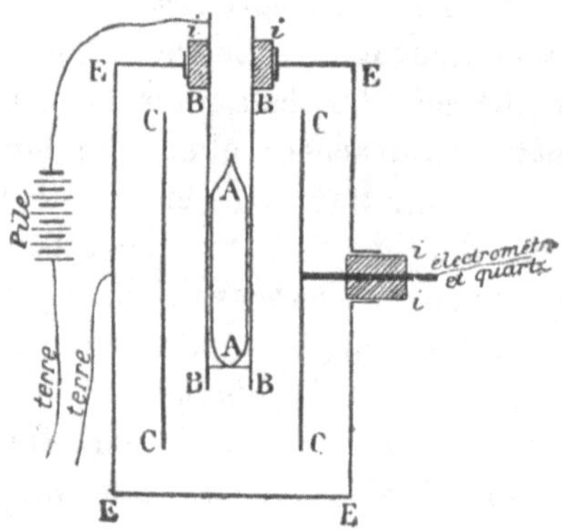

Fig. 28.
Zylindrischer Kondensator zur Messung der Aktivität der aktiven Röhren.

bestimmung der Strahlung der radioaktiven Substanzen verwendete, wobei man jedoch den Plattenkondensator durch einen zylindrischen Kondensator ersetzt. Dieser Kondensator (Fig. 28) besteht im wesentlichen aus zwei konzentrischen Röhren, deren eine *B* aus dünnem Aluminium mit einer Batterie von einer großen Anzahl Elemente verbunden ist, während die andere aus Kupfer in Verbindung mit dem Elektrometer und Quarz gesetzt ist. Die beiden Röhren werden vollständig in einen zur Erde abgeleiteten Metallkasten *E* gestellt.

Mit Hilfe dieses Apparates kann man die äußere

strahlung des Behälters A beobachten, indem man ihn in den inneren Zylinder des Kondensators stellt. Die durch die Röhre ausgesandten Strahlen machen die Luft zwischen den beiden Zylindern zum Leiter. Der zirkulierende Strom wird jeden Augenblick durch den piezo-elektrischen Quarz kompensiert.

Man stellt dann fest, daß die äußere Strahlung der Röhre A mit der Zeit abnimmt nach dem strengen Ex-

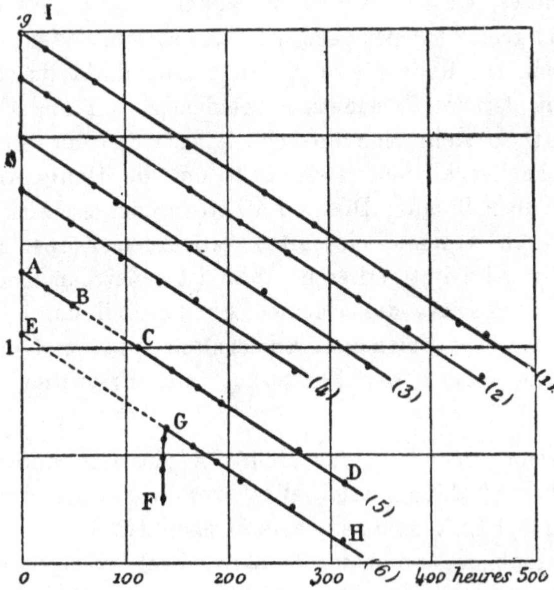

Fig. 29. Kurven des Verschwindens der durch die Radiumsalze induzierten Radioaktivität in einem geschlossenen Gefäß.

ponentialgesetz. Dieses Gesetz hat die Form $I = I_0 e^{-kt}$, wobei I_0 der Anfangswert der Strahlung und I der Wert im Augenblick t ist. Indem man den zweiten als Einheit nimmt, hat man $k = 2{\cdot}01 \times 10^{-6}$. Die Strahlung sinkt um die Hälfte innerhalb vier Tagen. Dieses Entaktivierungsgesetz (Gesetz des Aktivitätsverlustes [Fig. 29]) ist durchaus unveränderlich, unter welchen Bedingungen auch das

Experiment (Größe und Beschaffenheit des Behälters, Druck und Natur des Gases, Intensität des Phänomens im Anfang, Temperatur) ausgeführt wird. Die Zeitkonstante, die das Verschwinden der Aktivität des Rohres kennzeichnet, ist ein charakteristisches Merkmal der zu seiner Aktivierung verwendeten Radiumsalze. Diese Konstante würde auch zur Definition einer Zeiteinheit dienen können.

Dieses Gesetz ist in Wirklichkeit das Gesetz des selbsttätigen Verschwindens der Emanation. Wenn, nachdem man ein Rohr wie A aktiviert hat, darin durch Auspumpen der mit Emanation beladenen Luft ein Vakuum herstellt, so stellt man tatsächlich fest, daß die Strahlung viel schneller abnimmt: sie sinkt um die Hälfte während jeder halben Stunde. Dieses Entaktivierungsgesetz ist gleich dem, nach welchem die festen aktivierten Körper in der Luft ihre Aktivität verlieren. Man ist geneigt anzunehmen, daß die Aktivität des Raumes A zum Teil durch die in ihm enthaltene Emanation unterhalten wird, und daß das gefundene Gesetz der Zerstörung der Emanation genau entspricht.

Wenn, nachdem eine Röhre A aktiviert worden ist, man ihre Strahlung unmittelbar vor und nach der Entfernung der Luft mißt, so bemerkt man, daß diese Strahlung im Augenblick, wo man die aktive Luft ausgepumpt hat, nicht verändert ist. Die Strahlung der mit Emanation geladenen Luft erzeugt also bei diesem Experiment keine Wirkung. Es ist gleichwohl nicht ausgeschlossen, daß sie vorhanden ist, aber sie muß aus sehr gering durchdringenden Strahlen, die die gläserne Gefäßwand nicht zu durchdringen vermögen, gebildet sein.

Das folgende Experiment liefert eine sehr annehmbare Bestätigung dieser Hypothese. Eine Metallröhre A (Fig. 30) ist mit einer Radiumsalzlösung S in Verbindung und ist durch einen Isolierpfropfen i am anderen Ende verschlossen;

durch diesen Pfropfen geht ein Metallstab *C* hindurch, der mit einem Elektrometer verbunden ist. Röhre und Stab bilden einen zylindrischen Kondensator; die Metallröhre ist mit einer Säule von einer großen Anzahl Elemente verbunden. Das Rohr *BB* ist mit der Erde verbunden und dient als Schutzrohr. Wenn das Rohr *A* aktiviert ist, trennt man es vom Radium, mißt die den Kondensator durchfließende Stromstärke, erneuert alsdann die Luft und nimmt unverzüglich eine neue Messung der Stromstärke vor. Man stellt fest, daß der Strom sechsmal schwächer geworden ist. Nun bewirkt bei der zweiten Messung lediglich die Strahlung der Wände eine Ionisierung der Luft, während bei der ersten Messung auch die Emanation wirksam ist; es läßt sich also vermuten, daß sie auch Strahlung aussendet. Diese Strahlung ist notwendigerweise sehr wenig durchdringend, da sie ihre Wirkung nach außen nicht fühlen läßt.

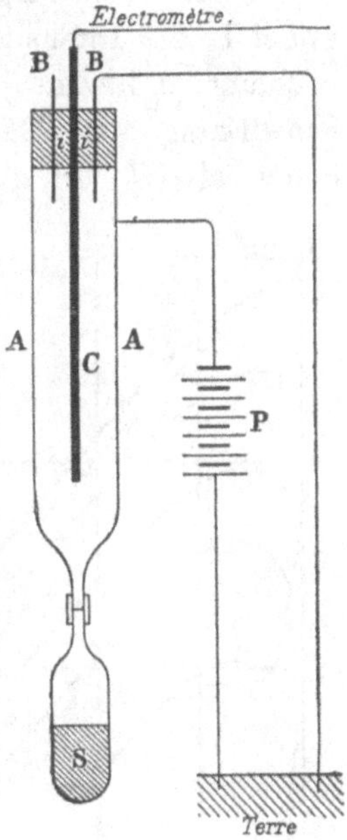

Fig. 30. Apparat zur Beobachtung der Strahlung der Emanation.

Verschwinden der durch das Radium auf den festen Körpern induzierten Radioaktivität.

Ein aktivierter fester Körper, der der aktivierenden Wirkung der Emanation entzogen worden ist, entaktiviert sich nach einem anfangs verhältnismäßig komplizierten Gesetz, aber nach zwei Entaktivierungsstunden nimmt die Aktivität des Körpers als Zeitfunktion nach einem Exponentialgesetz ab: sie sinkt um die Hälfte während jeder halbstündigen Periode.

Wenn der Körper der Wirkung der Emanation während

mehr als vierundzwanzig Stunden ausgesetzt wurde, ist das Entaktivierungsgesetz durch die Differenz zweier Exponentialfunktionen gegeben.

Dieses Gesetz hat die Form: $I = I_0[a e^{-bt} - (a-1)e^{-ct}]$, wobei I_0 die Intensität der Strahlung zu Beginn der Zeit t bedeutet; d. h. im Augenblick, wo man das Plättchen der Einwirkung der Emanation entzieht. Die Koeffizienten haben als Werte: $a = 4 \cdot 2$; $b = 0 \cdot 000\,413$; $c = 0 \cdot 000\,538$.

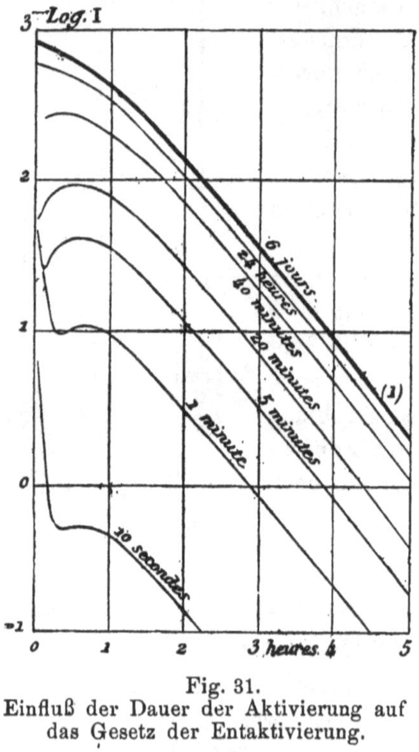

Fig. 31.
Einfluß der Dauer der Aktivierung auf das Gesetz der Entaktivierung.

Dieses Entaktivierungsgesetz wird durch die Kurve *1* der Fig. 31 dargestellt. Man hat sich die Logarithmen der Strahlungsstärke als Ordinaten und die Zeitdauer als ausgeführt zu denken. Zwei Stunden nach Beginn der Entaktivierung ist eine der beiden Exponentialfunktionen im Verhältnis zur ersten sehr klein geworden und die Kurve, die das Gesetz darstellt, wird auf Grund der Wahl der Einheiten durch eine gerade Linie dargestellt. Die Aktivität sinkt um die Hälfte innerhalb 28 Minuten.

Wenn die Aktivierungsdauer kleiner war als 24 Stunden, so erscheint das Entaktivierungsgesetz ungemein kompliziert, und die das Phänomen darstellenden Kurven nehmen ziemlich veränderlich Gestalten an. Bei einer Aktivierung von wenigen Sekunden z. B. stellt man vorerst ein plötzliches Sinken der Aktivität fest, dann nimmt die Strahlung zu, geht durch ein Maximum und beginnt abermals zu sinken; zwei Stunden später hat die Aktivität ihren Normalwert wieder erlangt: sie sinkt um die Hälfte innerhalb 28 Minuten. In diesem Falle wird die Erklärung der Erscheinung ziemlich schwierig, weist aber ein hohes theo-

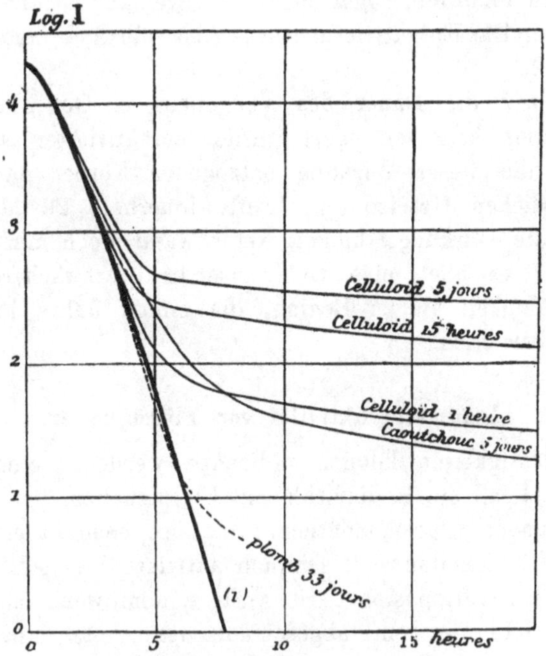

Fig. 32. Gesetz der Entaktivierung einiger Substanzen, welche die okkludierte Emanation zurückhalten.
Die Kurve *1* ist die Normalkurve.

retisches Interesse auf. Man ist geneigt anzunehmen, daß, bei der aktivierten Platte die radioaktive Energie nacheinander drei verschiedenartige Zustände annimmt.

Wenn man gleichviel welche Körper aus dem aktivierenden Raume herausnimmt, bemerkt man, daß diese Körper selbst eine kleine Emanationsmenge auszusenden vermögen. Es scheint, als ob die Substanzen mit ihr imprägniert wären und sie dann entwickeln. Die Mehrzahl der Körper verlieren diese okkludierte kleine Emanationsmenge während der zwanzig Minuten, die dem Anfang der Entaktivierung folgen. Allein gewisse feste Körper, wie Celluloid, Kautschuk, Paraffin, besitzen die Eigenschaft, sich mit Emanation zu imprägnieren, und dann mehrere Stunden hindurch, sogar mehrere Tage lang Emanation abzugeben. Das Entaktivierungsgesetz ist vollständig modifiziert (Fig. 32).

Wenn die Dauer des Verweilens in Gegenwart der Emanation sehr verlängert wurde, entaktivierten sich zunächst die dieser Wirkung entzogenen Körper nach dem gewöhnlichen Gesetze (die Hälfte innerhalb 28 Minuten), allein die Wirkungsfähigkeit verschwand doch nicht vollständig; es blieb eine viel tausendmal schwächere Wirkungsfähigkeit als zu Beginn, die einige Jahre hindurch erkennbar blieb.

Induzierte Aktivität von Flüssigkeiten.

Flüssigkeiten können radioaktiv werden. Wenn man in ein Gefäß ein Radiumsalz mit Flüssigkeiten, als Wasser, Salzlösungen, Petroleumäther, bringt, so bemerkt man, daß diese Flüssigkeiten sich schwach aktivieren; es scheint, als ob die Emanation sich darin auflöse, denn wenn man diese Flüssigkeiten in ein abgeschmolzenes Gefäß einschließt, nimmt die von diesem ausgehende Strahlung um die Hälfte innerhalb vier Tagen ab.

Strahlung der gelösten Radiumsalze.

Wenn man eine Radiumsalzlösung in eine verschlossene Röhre bringt, kann man nach Verlauf einiger Zeit, wenn man die Röhre ins Dunkle bringt, feststellen, daß das Glas der Röhre leuchtend ist. Der mit dem Gas in Kontakt stehende Teil der Röhre ist stärker leuchtend als der mit der Lösung in Kontakt stehende; das mit Emanation geladene

Gas wirkt stark auf die Wand der Röhre. Die Lösung sendet nur sehr wenige Strahlen aus, während das mit Emanation geladene Gas sowie die Wand stark strahlen. Unter diesen Umständen geht alles so vor sich, als ob das Radiumsalz nur noch als Emanationserzeuger diente: seine Eigenschaften haben sich modifiziert und seine Radioaktivität ist ausgeschaltet.

Außerdem läßt sich feststellen, daß die Aktivität des Gases zunimmt und erst einen Monat nach Schließen des Gefäßes ein stabiles Verhalten erreicht.

Dieses Gleichgewicht stellt sich ein, sobald der spontane Aktivitätsverlust der Emanationserzeugung gleich wird.

Diese Betrachtungen erlauben uns, die Aktivitätsveränderung der Radiumsalze durch Erwärmung oder Auflösung zu erklären.

Man darf daher schließen, daß die durch das Radium erzeugte Emanation nur sehr schwer aus dem festen Salze entweichen kann, daß sie darin gesammelt wird, indem sie sich in induzierte Radioaktivität umsetzt. Das Erhitzen hat die Emanationsentwicklung zur Folge.

Das auf die ursprüngliche Temperatur zurückgeführte Salz sendet viel weniger Strahlen aus. Es nimmt seine Radioaktivität allmählich wieder an, dank der fortgesetzten Emanationsabgabe, die es erzeugt und die in dem Salze selbst in Gestalt von induzierter Radioaktivität sich ansammelt.

Der Effekt der Lösung ist analog: die Lösung bewirkt einen Teilungszustand des Stoffes, der die leichte Emanation ermöglicht. Wenn man die Lösung verdampft, so wird das trockene Salz vorerst wenig aktiv, aber es nimmt seine frühere Aktivität durch einen dem vorigen identischen Mechanismus allmählich wieder an.

Siebenter Abschnitt.

Eigenschaften der Radiumemanation.

Phosphoreszenzwirkungen.

Die Emanation des Radiums verursacht in sehr intensiver Weise die Phosphoreszenz einer großen Zahl von Körpern. Mit Emanation geladene Luft enthaltende Glasbehälter sind leuchtend; Thüringer Glas ist am empfind-

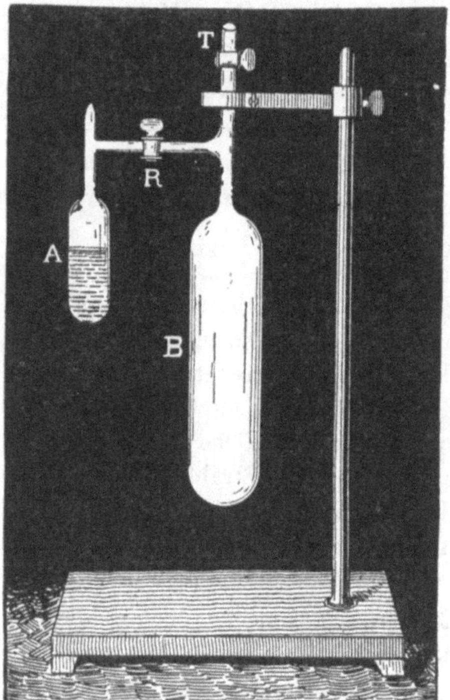

Fig. 33. Phosphoreszenz durch Ausstrahlung des Radiums.

lichsten. Sidotsche Blende wird besonders glänzend unter dem Einfluß der Emanation und gibt alsdann ein sehr intensives Licht. Man kann z. B. mittels eines, aus einem großen Glasbehälter, dessen eine Hälfte mit Zinksulfid belegt ist, bestehenden Apparates die Beobachtung machen

(Fig. 33). Man stellt durch das Rohr *T* einen luftleeren Raum in dem Apparat her und führt alsdann mit Emanation geladene Luft aus dem Reservoir *A* ein. Das Rohr *A* enthält eine Lösung von Radiumsalz, und die entwickelte Emanation sammelt sich in dem gashaltigen Teil. Sobald man den Hahn *R* öffnet, wird der Behälter *B* sehr leuchtend und das durch das Zinksulfid ausgesandte Licht ist hinreichend stark, um in einer Entfernung von 10 bis 20 cm von der Röhre lesen zu können.

Diffusion der Emanation.

Die Radiumsalze entwickeln dauernd eine Emanation. Diese Emanation verbreitet sich nach und nach inmitten des Gases, welches das Radiumsalz umgibt; sie diffundiert sich in den Gasen; sie kann sich von dem einen Behälter in den andern selbst durch eine Kapillarröhre fortpflanzen.

Das Studium der Diffusion der Emanation durch die Kapillarröhren hat den Wert des Diffusionskoeffizienten zu bestimmen ermöglicht. Die angewandte Methode ist sehr einfach. Sie besteht darin, die durch ein mit aktivierter Luft gefülltes Glasgefäß ausgesandte Becquerelstrahlung in gegebener Zeit zu messen. Die Messung der Strahlung der Röhre wird mit dem oben beschriebenen Apparat (Fig. 28) vorgenommen. Aus der Messung der Strahlung wird das Gesetz von dem Ausströmen der Emanation abgeleitet.

Man findet dann, daß die Ausströmungsgeschwindigkeit der Emanation proportional ist der Emanationsmenge, die sich in dem Gefäß befindet; sie variiert proportional der Weite der Kapillarröhre und im umgekehrten Verhältnis zu ihrer Länge. Der Diffusionskoeffizient der Emanation ist gleich 0,10 bei einer Temperatur von 10 Grad. Er steht also dem der Kohlensäure in der Luft nahe, der 0,15 gleich ist.

Radiumemanation und das Gesetz von Gay-Lussac.

Die Emanation des Radiums folgt dem GAY-LUSSACschen Gesetz; sie dehnt sich aus wie ein Gas. Das Experiment kann auf folgende Weise angestellt werden:

Zwei mit Emanation gefüllte Behälter A und B (Fig. 34) sind durch ein Rohr t verbunden. Man mißt die Strahlung des einen der Rohre A in einem zylindrischen Kondensator, während das andere auf der Temperatur der atmosphärischen Luft erhalten wird. Wenn man dieses letztere auf eine höhere Temperatur bringt, so nimmt die Strahlung des Rohres A zu und zwar so lange, als man B auf der Temperatur erhält. Die Emanationsmenge, die in den Be-

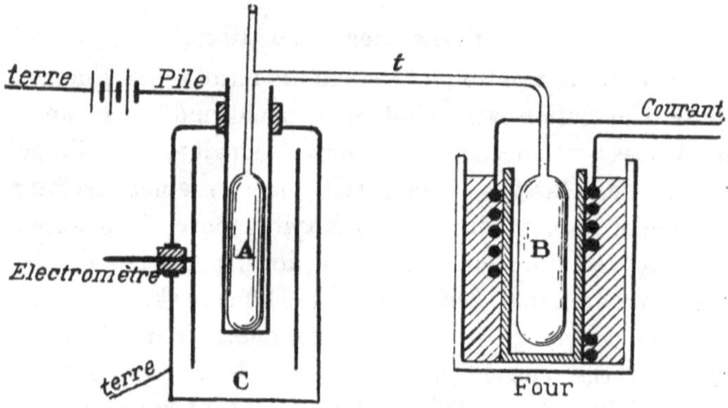

Fig. 34. Bestätigung der Richtigkeit des Gay-Lussacschen Gesetzes für die Emanation.

hälter B eingetreten ist, ist genau dieselbe wie die, welche man bei Anwendung des Gay-Lussacschen Gesetzes berechnen würde.

Kondensation der Emanation.

Rutherford und Soddy haben nachgewiesen, daß die Radiumemanation in flüssiger Luft sich kondensiert. Ein mit Emanation geladener Luftstrom verliert seine radioaktiven Eigenschaften, wenn er ein in flüssige Luft getauchtes Schlangenrohr durchläuft. Die Emanation kehrt zu ihrem Urzustand zurück, wenn man das Schlangenrohr auf die Temperatur der atmosphärischen Luft zurückführt. Diese Verdampfung erfolgt bei —150 Grad. Die Kondensationstemperatur der Emanation würde demnach 150 Grad sein.

Diese Erscheinung kann auf ausgezeichnete Weise mittels folgenden Apparats (Fig. 35) dargestellt werden: eine Radiumsalzlösung wird in einen Glasbehälter *A* gebracht, der mittels der Rohre *t* und *t'* und der Hähne *R* und *R'* mit zwei Behältern *B* und *C*, die inwendig mit phosphoreszierendem Zinksulfid belegt sind und die man vor Beginn des Experimentes ausgepumpt hat, verbunden werden kann. Wenn man den Apparat in Dunkelheit bringt, ist nur der Behälter *A* schwach leuchtend, wenn man aber den Hahn *R* öffnet, so wird die in *A* angesammelte Emanation aufgesaugt und verbreitet sich im Behälter *B*, indem sie in intensiver Weise die Phosphoreszenz des darin enthaltenen Zinksulfids hervorruft. Öffnet man nun den Hahn *R'*, so erleuchtet sich auch der Behälter *C*. Man stellt gleichzeitig eine Abnahme des Leuchtens von *B* fest: die Emanation verteilt sich im Verhältnis des Volumens von *B* zur Summe der Volumina von *B* und *C*. Wenn man endlich den Behälter *C* in flüssige Luft taucht, so nimmt dieser Behälter an Lichtwirkung zu, während der Lichtglanz von *B* verschwindet: die Emanation strömt tatsächlich allmählich aus dem Behälter *B* aus, um sich sogleich in *C* in der flüssigen Luft zu verdichten. Man kann dann den Hahn *R'* schließen und den Apparat aus der flüssigen Luft herausnehmen; die ganze Emanation hat sich in dem abgekühlten Teile angesammelt; nur der Behälter *C* ist in sehr intensiver Weise leuchtend.

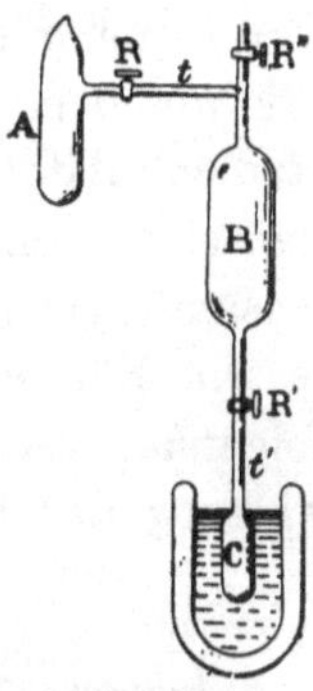

Fig. 35. Kondensation der Emanation in flüssiger Luft.

Destillation der induzierten Radioaktivität.

Ein zunächst aktiviertes, nachher erhitztes Platinblech verliert den größten Teil seiner Aktivität. Wenn man das aktivierte Blech mit einem anderen, kalt erhaltenen während des Erhitzens umgibt, so wird dieses zweite Blech radioaktiv. Es findet also eine Radioaktivitätsübertragung statt. Die Erscheinung ist übrigens ziemlich kompliziert. Die Entaktivierungsgesetze der so aktivierten Bleche hängen von der Temperatur ab, bei welcher die Destillation ausgeführt worden ist. Bei dieser Erscheinung darf man annehmen, daß es die Aktivität ist, die von dem aktivierten Blech wegdestilliert; die induzierte Radioaktivität der festen Körper würde also nur einer auf denselben kondensierten Emanation zuzuschreiben sein. Das Gesamtergebnis läßt die Annahme zu, daß die durch die festen Körper erworbene Radioaktivität drei aufeinander folgende, verschiedene Hauptzustände aufweist. Die Einwirkung der Temperatur gestattet, sie zu unterscheiden.

Induzierte Radioaktivität mit Radiumsalzen in Lösung gebrachter Substanzen.

Wenn man ein gelöstes Salz einige Zeit in Berührung mit einer Radiumsalzlösung läßt, so nimmt das Salz eine gewisse Aktivität an, und wenn man es vom Radium trennt, besitzt es eine induzierte Aktivität. Man kann beispielsweise mit dieser Methode Baryumsalz aktivieren. Das aktivierte Baryum bleibt nach verschiedenen chemischen Umwandlungen wirksam: seine Aktivität ist somit eine ziemlich stabile Atomeigenschaft. Das aktivierte Baryumchlorid verhält sich bei der Fraktionierung wie radiumhaltiges Baryumchlorid, indem die aktivsten Teile in Wasser und in verdünnter Chlorwasserstoffsäure weniger löslich sind. Das trockene Chlorid ist selbsttätig leuchtend; seine Becquerelstrahlung ist analog der des radiumhaltigen Baryumchlorids. Die Aktivität eines solchen Produktes kann die des Urans tausendmal übersteigen. Im Spektrum aber läßt sich keine Radiumlinie nachweisen; die Aktivität des Produkts nimmt sogar ab, und nach Verlauf von drei Wochen ist sie dreimal schwächer als zu Anfang.

Durch andere Agentien als radioaktive Substanzen erzeugte induzierte Aktivität.

Es ist interessant zu bemerken, wie verschiedene Versuche angestellt wurden, um die induzierte Radioaktivität ohne radioaktive Substanzen zu erzeugen.

Villard hat ein Stück Wismut, das als Antikathode in einer Crookes-Röhre angebracht war, der Einwirkung der Kathodenstrahlen unterworfen; das Wismut wurde auf diese Weise, übrigens äußerst schwach, aktiv gemacht, denn es bedurfte 8 Tage Exposition, um auf die photographische Platte einzuwirken. Mac Lennan präparierte zur Entladung positiv geladener Körper geeignete Salze.

Die Studien dieser Art bieten ein hohes Interesse. Wenn es möglich wäre, in den ursprünglich inaktiven Körpern eine namhafte Radioaktivität zu schaffen, indem man sich bekannter physikalischer Agentien bedient, dürfte man hoffen, auf diese Weise auch die Ursache der selbsttätigen Radioaktivität gewisser Stoffe aufzufinden.

Gegenwart der Emanation in der Luft und im Quellwasser.

Elster und Geitel haben gezeigt, daß die atmosphärische Luft die Elektrizität stets in merklicher Weise leitet: sie ist stets schwach ionisiert. Diese Ionisation wird vielfachen Ursachen zugeschrieben werden müssen. Nach Elsters und Geitels Arbeiten enthält die atmosphärische Luft in verhältnismäßig geringer Menge eine der durch die radioaktiven Körper ausgesandten analoge Emanation. Auf dem Gipfel der Berge enthält die atmosphärische Luft mehr Emanation als in der Ebene oder am Meeresstrand. Endlich ist die Luft der Keller und Höhlen besonders stark mit Emanation geladen. Man erhält auch an Emanation sehr reiche Luft, indem man mittels eines in den Boden gesteckten Rohrs die darin enthaltene Luft aufsaugt.

Man hat die Gegenwart der Radiumemanation in aus gewissen natürlichen Mineralwässern gewonnenen Gasen erkannt. Es ist wahrscheinlich, daß die physiologischen Heilwirkungen dieser Wässer teilweise den radioaktiven Prinzipien, die darin enthalten sind, beizumessen sind. Es dürfte hier eine für die Therapie hochbedeutsame Frage vorliegen.

Die von dem Meer- oder Flusswasser herkommende Luft ist fast emanationsfrei.

Schon von Anfang ihrer Untersuchungen an hatten sich Elster und Geitel die Frage gestellt, ob die durch die Luft erworbene Radioaktivität nicht doch einem in der Luft selbst enthaltenen Körper zuzuschreiben sei; dann aber würde die Emanationsquelle untrennbar von der Luft sein, oder, wenn er außerhalb der Luft existiert, müßte man ermitteln, auf welchem Wege die Emanation hinein gelangte. Der erste Punkt wurde leicht aufgeklärt.

Elster und Geitel schlossen in einem gut verschlossenen Kessel ein Luftvolum von 23 cbm ein. Sie ermittelten die Radioaktivität der Luft, indem sie ins Innere des Kessels auf ein hohes Negativpotential gebrachte Aluminiumdrähte führten; hierauf bestimmten sie die durch den Draht erworbene Aktivität. Ein unter diesen Umständen mehrere Wochen nach Schluß des Kessels ausgeführtes Experiment lieferte negative Resultate, denn die Drähte, die anfangs aktiviert wurden, blieben einige Wochen nachher inaktiviert; demnach gibt es keinen radioaktiven Körper in der Luft. Die Emanationsquelle kann also nur außerhalb zu finden sein.

Der ungemein reiche Emanationsgehalt der Luft in Kellern und Höhlen führte zu dem Schluß, daß dieselbe von den Wänden herrühren oder wenigstens vom umgebenden Boden durch Diffusion ausgehen müsse.

Diese Schlußfolgerung hat sich durch das Experiment völlig bewahrheitet; die vom Boden aufgenommene Luft ist radioaktiv. Wenn man eine große Metallglocke einige

Zentimeter tief in die Erde steckt, so hat man einen Apparat, der als dauernde Quelle einer mit Emanation geladenen Luft arbeitet.

Im Meer, wo der Gasausfluß des Bodens fehlt, ist die Emanation viel schwächer als auf dem Festlande.

Die aus tiefen Quellen entspringenden Wasser und überhaupt die Thermalwässer sind reich an Emanation; ebenso ist es auch mit rohem Petroleum, das durch Destillation noch nicht raffiniert worden ist. Der Gedanke ist logisch, daß diese flüssigen Körper die Emanation der im Erdboden verbreiteten radioaktiven Körper aufgefangen haben. Elster und Geitel vermochten ziemlich aktive Produkte von Stoffen wie Tonerden (Fangoschlamm) darzustellen; in allen Fällen haben sie die durch das Radium erzeugten Erscheinungen wiedergefunden.

Es scheint also, daß unendlich kleine, überall verbreitete Spuren von Radium die Quelle der Radioaktivität in den Poren der Erde und in der atmosphärischen Luft bilden.

Es ist möglich, daß die physiologischen Wirkungen der Gebirgsluft und gewisser Gegenden teilweise der in der Luft enthaltenen Emanation zuzuschreiben sind.

Natur der Emanation.

Rutherford hält die Emanation des Radiums für ein materielles, radioaktives, zur Argongruppe gehöriges Gas. Die vorher aufgezählten Eigenschaften sind in der Tat geeignet nachzuweisen, daß in mancherlei Beziehungen die Radiumemanation sich wie ein echtes Gas verhält. Wenn man zwei Glasbehälter miteinander verbindet, wovon der eine Emanation enthält, der andere aber nicht, so geht die Emanation auch in den zweiten Behälter über; wenn das Gleichgewicht hergestellt ist, konstatiert man, daß die Emanation sich zwischen den beiden Behältern im Verhältnis der Volumina geteilt hat. Die Emanation folgt den Gesetzen von Gay-Lussac und Mariotte; sie diffundiert in der Luft nach dem Diffusionsgesetze der Gase; sie verdichtet sich endlich bei niederer Temperatur wie ein kondensierbares Gas.

Gewisse Punkte sind auf Grund dieser Hypothese zur Zeit noch schwer zu erklären. So hat man noch keinen von der Emanation ausgeübten Druck, auch nicht die Anwesenheit eines charakteristischen Spektrums mit Sicherheit beobachtet. Mit der Emanation vermochte keine chemische Reaktion erzielt zu werden. Schließlich resultieren alle unsere auf die Eigenschaften der Emanation bezüglichen Kenntnisse aus Radioaktivitätsmessungen.

Wohl müssen wir hierzu bemerken, daß die neueren Untersuchungen über die Emanation der Hypothese eines materiellen radioaktiven Gases keine große Wahrscheinlichkeit verleihen.

Durch die Radiumsalze gebildetes Helium.

Ramsay und Soddy haben die Anwesenheit von Helium in den Gasen festgestellt, die eine bestimmte Zeit mit Radiumsalz in einer verschlossenen Flasche aufbewahrt worden sind.

Die Anwesenheit des Heliums trat bei verschiedenen Experimenten in konstanter Weise hervor und dieses Gas konnte durch sein mittels der Geisslerschen Röhre erzieltes Spektrum scharf charakterisiert werden.

Ramsay und Soddy haben eine zweite Reihe von Experimenten ausgeführt, in welcher sie die Emanation des Radiums durch Kondensation in flüssiger Luft akkumulierten. Sie untersuchten alsdann das Spektrum der Emanation mittels einer Geisslerschen Röhre. Sie haben die neuen Linien wieder angetroffen. Das Helium war im Beginne der Experimente im Gase nicht anwesend, allmählich aber tauchte sein Spektrum auf und nahm dauernd an Intensität zu, anderseits verschwanden die neuen Linien nach und nach. Daraus geht hervor, daß das Helium als eines der Zerstörungsprodukte der Emanation angesehen werden darf. Die Heliumerzeugung ist an das Verschwinden der Aktivität des Gasgemenges gebunden.

Man wird die Bedeutung dieses Ergebnisses unschwer begreifen: es erklärt sich durch die Annahme, daß das Helium durch die Emanation des Radiums hervorgebracht wurde; man dürfte sich hierbei vor einem Falle von Umwandlung der Elemente befinden, d. h. das Radium erzeugt das Helium.

Dieses überraschende Ergebnis stimmt übrigens mit der Tatsache überein, daß das Helium ausschließlich in den Mineralien sich findet, die Uran und Radium enthalten, und sich aus diesen Mineralien entwickelt, wenn man sie erhitzt.

Noch zu beendigende Experimente dürften diese Resultate von geradezu grundlegender Bedeutung bestätigen.

Achter Abschnitt.

Natur der durch die Radiumsalze erzeugten Erscheinungen.

Herr und Frau Curie stellten bei ihren Untersuchungen über die Radioaktivität von Anbeginn die Erwägung an, ob die Radioaktivität nicht etwa eine allgemeine Eigenschaft des Stoffes sei. Gegenwärtig darf diese Frage noch nicht als gelöst gelten. Frau Curie hat eine große Anzahl Körper untersucht und nachgewiesen, daß diese verschiedenen Substanzen keine höhere Aktivität als den hundertsten Teil der Aktivität des Urans besaßen.

Colson zeigte allerdings, daß viele Stoffe auf die Dauer auf Photographenplatten wirken können; einige neuere Arbeiten scheinen diese Tatsachen zu bestätigen.

Die kurze Uebersicht der Eigenschaften der Radiumsalze, die wir soeben gegeben haben, zeigt, daß diese Salze oder, allgemeiner noch, alle radioaktiven Körper Energiequellen darstellen, die wir als Becquerelstrahlung, als kontinuierliche Produktion von Emanation, als elektrische, chemische und leuchtende Energie, sowie als fortwährende Wärmeentwicklung beobachten.

Anderseits scheint das Radium stets seine nämlichen Eigenschaften zu bewahren und sich nicht zu verändern: diese Tatsachen scheinen mit den fundamentalen Grundsätzen der Energetik im Widerspruch zu stehen.

Da wir noch großes Vertrauen in das Prinzip von der Erhaltung der Energie setzen, ist die erste Frage, die wir uns vorlegen müssen, zu ermitteln, woher diese Energie stammen kann.

Man hat sich oft gefragt, ob die Energie in den radioaktiven Körpern selbst erzeugt wird, oder ob sie von diesen Körpern äußeren Quellen entlehnt wird. Diese beiden Anschauungsweisen bilden den Ausgangspunkt zahlreicher Hypothesen, unter denen wir zwei hervorheben wollen, die zurzeit am befriedigendsten erscheinen:

Man kann zum Beispiel annehmen, daß das Radium ein in Umwandlung begriffenes Element ist, daß seine Atome sich langsam aber kontinuierlich umwandeln, und daß die von uns wahrgenommene Energie die zweifellos erhebliche Energie ist, die sich bei der Umwandlung der Atome entwickelt. Die Tatsache, daß das Radium fortwährend Wärme entwickelt, spricht zugunsten dieser Hypothese. Die Umwandlung dürfte anderseits von einem durch die Ausendung materieller Teilchen und die fortwährenden Entwicklung der Emanation verursachten Gewichtsverlust begleitet sein. Bis heute ist keine Gewichtsveränderung mit Sicherheit festgestellt worden, wohl aber legt die Tatsache, daß die Radiumsalze Emanation, die in Helium umgewandelt wird, entwickeln, die Vermutung nahe, daß die Radiumsalze an Gewicht verlieren: diese letzte Tatsache verleiht dieser Hypothese einen erheblichen Wert. Übrigens sind Experimente über die Gewichtsveränderung unter Zugrundelegung der Gewichtsbestimmung des produzierten Heliums im Gange.

Die zweite Hypothese besteht in der Vermutung, daß es im Raume noch unbekannte, mit unseren Sinnen nicht wahrnehmbare Strahlungen gibt. Das Radium würde fähig sein, die Energie dieser hypothetischen Strahlen zu absorbieren und sie in radioaktive Energie umzuwandeln.

Diese beiden Hypothesen sind vielleicht nicht miteinander unverträglich; jedenfalls lassen sich viele Gründe für und gegen diese Ansichten geltend machen; zumeist haben die Versuche, die Konsequenzen dieser Hypothesen auf experimentellem Wege festzustellen, negative Ergebnisse geliefert.

Diese kurze Darstellung der Eigenschaften der Radiumsalze wird jedoch imstande sein, eine Vorstellung von der Bedeutung der wissenschaftlichen Bewegung geben, die durch die schöne Entdeckung des Herrn und der Frau Curie hervorgerufen wurde. Die beiden Physiker haben der Wissenschaft zu einem Fortschritt verholfen, dessen Tragweite wir noch nicht absehen können.

So abstrakt die Forschungen der reinen Wissenschaft a priori auch sein mögen, so führen sie doch schneller, als man es denkt, zu nutzbringenden Resultaten für die Allgemeinheit.

Literatur

Geschichtliches.

H. POINCARÉ, Corps phosphorescents. Revue générale des Sciences, 30. Januar 1896.

HENRY, Corps phosphorescents. Comptes rendus de l'Académie des Sciences, CXXII, p. 312 (1896).

NIEWENGLOWSKI, Corps phosphorescents. Comptes rendus de l'Académie des Sciences, CXXII, p. 386 (1896).

TROOST, Corps phosphorescents. Comptes rendus de l'Académie des Sciences, CXXII, p. 564 (1896).

H. BECQUEREL, Uranium. Comptes rendus de l'Académie des Sciences, CXXII, p. 420 (24. Februar 1896); CXXII, p. 501 (2. März 1896).

Strahlung des Urans und des Thors.

H. BECQUEREL, Uranium. Comptes rendus de l'Académie des Sciences, CXXII, p. 559 (9. März 1896); CXXII, p. 689 (23. März 1896); CXXII, p. 762 (30. März 1896); CXXII, p. 1086 (18. Mai 1896); CXXIII, p. 855 (23. November 1896); CXXIV, p. 438 (1. März 1897); CXXIV, p. 800 (12. April 1897).

G. C. SCHMIDT, Thorium. Verhandlungen Phys. Gesellschaft, Berlin, XVII (14. Februar 1898) und Ann. der Physik, LXV, S. 141 (1898).

Mme SKLODOWSKA CURIE, Rayons du thorium et de l'uranium. Comptes rendus de l'Académie des Sciences, CXXVI, p. 1101 (12. April 1898).

Die neuen radioaktiven Substanzen.

M. et Mme P. CURIE, Sur une nouvelle substance radioactive. Comptes rendus de l'Académie des Sciences, CXXVII, p. 175 (18. Juli 1898).

M. et Mme P. CURIE et M. BÉMONT, Radium. Comptes rendus de l'Académie de Sciences, CXXVII, p. 1215 (26. Dezember 1898).

DEBIERNE, Actinium. Comptes rendus de l'Académie des Sciences, CXXIX, p. 593 (16. Oktober 1899); CXXX, p. 906 (2. April 1900).

Messung der Strahlungsintensität und Ionisation der Gase.

J. et P. CURIE, Journal de Physique, 1882.

J. CURIE, Annales de Physique et de Chimie, 1889; Lumière électrique, 1888.

H. BECQUEREL, Comptes rendus de l'Académie des Sciences, CXXIV, p. 800, 1897.

KELVIN, J. C. BEATTIE et SMOLAN, Nature, LVI, 1897.

J. C. BEATTIE et M. SMOLUCHOWSKI, Philosophical Magazine, XLIII, p. 418.

E. Rutherford, Philosophical Magazine, XLVII (Januar 1899).
Langevin, Recherches sur les gaz ionisés (Thèse de la Faculté des Sciences de Paris), 1902.
H. Becquerel, Mémoires de l'Académie des Sciences. (Recherches sur une propriété nouvelle de la matière.) 1903.

Radioaktive Mineralien.

Mme Curie, Comptes rendus de l'Académie des Sciences, April 1898.

Extraktion des Radiums.

Mme Curie, Recherches sur les nouvelles substances radioactives, 1903.

Spektrum des Radiums.

Demarçay, Comptes rendus de l'Académie des Sciences, CXXVII, p. 1218 (Dezember 1898), CXXIX, p. 716 (November 1899), CXXXI (Juli 1900).
C. Runge, Ann. der Phys., II, S. 742 (11. Juni 1900).
G. Berndt, Physikalische Zeitschrift, II, S. 181 (7. Dezember 1900).
F. Giesel, Physikalische Zeitschrift, III, No. 24, S. 578 (9. September 1902).
F. Giesel, Physikalische Zeitschrift, III, S. 578 (15. September 1902).
C. Runge u. J. Precht, Physikalische Zeitschrift, IV, S. 285 (1903).

Atomgewicht des Radiums.

Mme Curie, Comptes rendus de l'Académie des Sciences, 13. November 1899, August 1900, 21. Juli 1902; Thèse de doctorat, 1903; Physikalische Zeitschrift, IV, S. 456 (1903).
Marshall Watts, Philosophical Magazine, VI, p. 64 (Juli 1903).
G. Martin, Chemical News, LXXXIII, p. 130 (1901).
Mme Curie, Physikalische Zeitschrift, IV, 28. März 1903; IV, S. 456 (15. Mai 1903).

Durch das Radium entwickelte Wärme.

P. Curie et A. Laborde, Comptes rendus de l'Académie des Sciences, CXXXVI, p. 673 (16. März 1903).
P. Curie, Royal Inst., 19. Juni 1903.
E. Rutherford and Barnes, Philosophical Magazine, VIII (Februar 1904).

Strahlung des Radiums.

M. et Mme Curie, Comptes rendus de l'Académie des Sciences, 20. November 1899, 8. Januar 1900, p. 73 et p. 76; 5. März 1900 (Charge électrique des rayons); 17. Februar 1902 (Conductibilité des liquides sous l'action des rayons).
H. Becquerel, Comptes rendus de l'Académie des Sciences, 4. u. 11. Dezember 1899, 26. Dezember 1899, 29. Januar 1900, 12. Februar 1900, 9. April 1900, 30. April 1900.

P. Curie et G. Sagnac, Rayons secondaires. Comptes rendus de l'Académie des Sciences, CXXX, p. 1013 (9. April 1900).
E. Dorn, Rayons du radium. Comptes rendus de l'Académie des Sciences, CXXX, p. 1126 (23. April 1900).
Villard, Comptes rendus de l'Académie des Sciences, CXXX, p. 1178 (30. April 1900).
F. Giesel, Ann. der Phys., LXIX, S. 91 und S. 834 (1899).
St. Meyer und E. v. Schweidler, Wiener Akademie, 7. Dezember 1899, 3. und 9. November 1899.
W. Kauffmann, Nachrichten der Königl. Gesellschaft d. Wiss. zu Göttingen, 1901, Heft 2.
E. Rutherford, Philosophical Magazine, IV, p. 1, 1902, α-Strahlen des Radiums.
E. Rutherford, Philosophical Magazine, V, Februar 1903.
H. Becquerel, Comptes rendus de l'Académie des Sciences, 26. Januar 1903, 16. Februar 1903, Juni 1903.
Des Coudres, Physikalische Zeitschrift, IV, S. 483 (1. Juni 1903).
William Crookes, Spinthariscop. Chemical News, p. 241 (3. April 1903).
J. Stark, α-Strahlen (7. Juli 1903), Physikalische Zeitschrift, IV, S. 583 (1. August 1903).

Durch die Strahlung verursachte Phosphoreszenz.

J. J. Bargmann, Thermo-luminescence. Comptes rendus de l'Académie des Sciences, CXXIV, p. 895 (26. April 1897).
W. Arnold, Über Lumineszenz. Ann. der Physik, LXI, S. 324 (1. Juni 1897).
H. Becquerel, Comptes rendus de l'Académie des Sciences, CXXIX, p. 912 (4. Dezember 1899).
P. Bary, Comptes rendus de l'Académie des Sciences, CXXX, p. 776 (19. März 1900).
E. Wiedemann, Thermo-Lumineszenz. Physikalische Zeitschrift, II, S. 269 (1901).
A. de Hemptinne, Comptes rendus de l'Académie des Sciences, CXXXIII, p. 934 (2. Dezember 1901).

Chemische Wirkungen der Strahlung.

M. et Mme Curie, Comptes rendus de l'Académie des Sciences, CXXIX, p. 823 (20. November 1899).
M. Berthelot, Comptes rendus de l'Académie des Sciences, CXXXIII, p. 659 (28. Oktober 1901).
H. Becquerel, Comptes rendus de l'Académie des Sciences, CXXXIII, p. 709 (4. November 1901).

Physiologische Wirkungen der Radiumstrahlung.

Walkhoff, Phot. Rundschau, Oktober 1900.
F. Giesel, Ber. Dtsch. Chem. Gesellsch., XXXIII, S. 3569 (1900).

H. Becquerel et P. Curie, Comptes rendus de l'Académie des Sciences, CXXXII, p. 1289 (Action sur l'œil).
F. Giesel, Naturforscherversammlung zu München, 1899.
F. Himstedt und W. A. Nagel, Ann. der Physik, IV (1901).
Danlos, Société de Dermatologie, 7. November 1901.
Aschkinass und W. Caspari, Ann. der Physik, VI, p. 570 (1901).
Danysz, Comptes rendus de l'Académie des Sciences, CXXXVI, 19. Februar 1903.
G. Bohn, Comptes rendus de l'Académie des Sciences, 27. April und 4. Mai 1903. Behandlung des Lupus.
Hallopau et Gadaud, Société de Dermatologie, 3. Juli 1902.
Blandamour, Thèse de la Faculté de Médecine de Paris, 1902

Induzierte Radioaktivität und Emanation des Radiums.

P. Curie et Mme Curie, Comptes rendus de l'Académie des Sciences, 6. November 1899.
P. Curie et A. Debierne, Comptes rendus de l'Académie des Sciences, CXXXII, p. 768, 1901 (Fünf Noten).
P. Curie, Comptes rendus de l'Académie des Sciences, 17. November 1902, 26. Januar 1903.
P. Curie et J. Danne, Comptes rendus de l'Académie des Sciences, CXXXVI, p. 361 (9. Februar 1903).
E. Dorn, Abhandl. der Naturforsch. Gesellschaft zu Halle, Juni 1900.
A. Debierne, Baryum radioactif artificiel. Comptes rendus de l'Académie des Sciences, CXXXI, p. 333 (30. Juli 1900).
F. Rutherford, Physikalische Zeitschrift, II, 20. April 1901 und III, 15. Februar 1902.
E. Rutherford and Miss H. T. Brooks, Chemical News, p. 196, 25. April 1902.
E. Rutherford and F. Soddy, Journal of Chem. Soc. London, April 1902.
E. Rutherford, Physikalische Zeitschrift, III, 15. März 1902, u. Philosophical Magazine, November 1902 und Januar 1903).
E. Rutherford u. F. Soddy, Kondensation der Ausstrahlungen. Journal of Chemical Society London, 19. November 1902, Philosophical Magazine, Mai 1903.

Diffusion der Emanation.

P. Curie et J. Danne, Comptes rendus de l'Académie des Sciences, CXXXVI, p. 314 (2. Juni 1903).

Von den Radiumsalzen ausgesandtes Licht.

Sir W. Huggins and Lady Huggins, Proceedings of the Royal Soc., LXXII, p. 196 (17. Juli, 5. August 1903).

Radioaktivität der Atmosphäre und des Quellwassers.

J. Elster und H. Geitel, Physikalische Zeitschrift, 1900 und 1901.
Wilson, Proceedings of the Royal Soc., London, 1901.

E. Rutherford and S. J. Allen, Philosophical Magazine, p. 701, 24. September 1902.
J. Elster und H. Geitel, Physikalische Zeitschrift, III, 15. September 1902.
J. C. Mac Lennan, Philosophical Magazine, V, p. 419.
J. C. Mac Lennan et T. Burton, Philosophical Magazine, VI, Juni 1903.
W. Saake, Physikalische Zeitschrift, IV, S. 626 (1903).
Lester Cooke, Philosophical Magazine, VI, Oktober 1903.
J. J. Thomson, Conduction of electricity through gases, Cambridge 1903.
J. Elster et H. Geitel, Arch. des Sciences phys. et nat., XIII, p. 113, Februar 1902, Genève.
— Januar 1904.
S. S. Allan, Philosophical Magazine, Februar 1904.

Durch das Radium entwickelte Gase.

E. Rutherford and Miss H. T. Brooks, Transactions of the Royal Soc. of Canada, VII, sec. III, p. 21 (23. Mai 1901).
F. Giesel, Ber. Dtsch. Chem. Gesellschaft, 1903, S. 347.
W. Ramsay u. F. Soddy, Physikalische Zeitschrift, IV, S. 652 (15. September 1903).

Bildung des Heliums.

W. Ramsay u. F. Soddy, Physikalische Zeitschrift, IV, S. 651 (15. September 1903). — Nature, LXVIII, p. 354 (13. August 1903). — Proceedings Royal Soc., LXXII, p. 204 (1903).
P. Curie et Dewar, Comptes rendus de l'Académie des Sciences, CXXXVIII, p. 190 (Februar 1904).

Gewichtsverlust des Radiums.

E. Dorn, Physikalische Zeitschrift, IV, S. 507 (5. Juni 1903); S. 530 (1. Juli 1903).

Radioaktivität des Stoffes und Natur der Radioaktivität.

W. Crookes, Comptes rendus de l'Académie des Sciences, CXXVIII, p. 176 (16. Januar 1899).
H. Becquerel, Nature, LXXIII, p. 396 (21. Februar 1901).
E. Rutherford and F. Soddy, Philosophical Magazine, IV, p. 370 (September 1902).
— Philosophical Magazine, IV, p. 569 (November 1902).
R. J. Strutt, Philosophical Transactions, 1901; Philosophical Magazine (Juni 1903).
J. C. Mac Lennan and F. Burton, Philosophical Magazine (Juni 1903).
Lester Cooke, Philosophical Magazine (Oktober 1903).
R. J. Strutt, Philosophical Magazine, VI, p. 113 (Juli 1903).
J. J. Thomson, Nature, LXXII, p. 601 (1903).

MIX
Papier | Fördert gute Waldnutzung
FSC® C083411

Zeitfracht Medien GmbH
Ferdinand-Jühlke-Straße 7
99095 Erfurt, Deutschland
produktsicherheit@kolibri360.de